高等学校计算机类系列教材

省级精品课程配套教材

数据结构与算法设计
实践与学习指导

主　编　齐爱玲　　张小艳

副主编　李占利　　王伯槐

西安电子科技大学出版社

内 容 简 介

　　本书是作者多年讲授"数据结构"课程及指导学生实验的教学经验的集成,与西安电子科技大学出版社出版的《数据结构与算法设计》一书相配套。全书分为两部分:第一部分是实验指导,其中,第一章给出了实验安排和实验步骤,第二至六章内容均由实验目的、实验指导和实验题组成,精选了涵盖各种数据结构的典型实验,每个实验给出了在 C 语言环境下调试运行的结果;第二部分是学习指导,各章内容均由基本知识点、习题解析和自测题及参考答案组成,每组习题均与教材中的内容相对应。书末给出了两套考试试题及参考答案。

　　本书可以配合《数据结构与算法设计》一书使用,起到衔接课堂教学和指导实验教学的作用;也可作为高等院校学生学习"数据结构"课程的辅助教材及计算机学科研究生入学考试的辅导教材;对于从事计算机软件开发和应用的工程技术人员,本书也具有一定的参考价值。

图书在版编目(CIP)数据

数据结构与算法设计实践与学习指导/齐爱玲,张小艳主编.
—西安:西安电子科技大学出版社,2016.2(2025.7 重印)
ISBN 978 - 7 - 5606 - 4014 - 3

Ⅰ.①数⋯　Ⅱ.①齐⋯　②张⋯　Ⅲ.①数据结构—高等学校—教材
②电子计算机—算法设计—高等学校—教材　Ⅳ.①TP311.12　②TP301.6

中国版本图书馆 CIP 数据核字(2016)第 021596 号

责任编辑　李惠萍
出版发行　西安电子科技大学出版社(西安市太白南路 2 号)
电　　话　(029)88202421　88201467　　　　邮　　编　710071
网　　址　www.xduph.com　　　　　　电子邮箱　xdupfxb001@163.com
经　　销　新华书店
印刷单位　西安日报社印务中心
版　　次　2016 年 2 月第 1 版　　2025 年 7 月第 6 次印刷
开　　本　787 毫米×1092 毫米　1/16　印 张　13.5
字　　数　319 千字
定　　价　31.00 元
ISBN 978 - 7 - 5606 - 4014 - 3
XDUP 4306001-6
如有印装问题可调换

前　言

　　数据结构是计算机程序设计重要的理论技术基础，它不仅是计算机学科的核心课程，而且已经成为计算机相关专业必要的选修课。

　　数据结构是学生从传统的形象思维转向科学的抽象思维的第一门课程，需要学生在思维认识上有一个转变，这使得数据结构成为一门公认的比较难学的课程。大多数学生在学习数据结构过程中普遍反映上课听得明白，遇到实际问题却无从下手。对于习题，即便能够解出，答案中也往往有错误；有时即使答案正确，也不"合格"，原因是算法太低效，思路不清，可读性较差等。究其原因，主要是对实验重视不够，导致动手能力太差。因此，在教学过程中，采用以实验加课堂演练为重点的计算思维教学模式，让学生在实验和适当的课堂演练中学习知识、消化知识，强化计算思维，进而培养学生的科学与工程计算能力，不失为一种有效的教学方法。

　　为此，我们以计算思维为导向，以科学与工程计算能力培养为目标，编写了这本《数据结构与算法设计实践与学习指导》教学用书。

　　本书是和《数据结构与算法设计》一书相配套的实践与学习指导和习题解析教材。全书分为两大部分，第一部分是实验指导，第二部分是学习指导。实验指导部分设计了具有趣味性的实践课题，并完整地介绍了数据抽象、表示及算法设计过程，而且均给出了 C 语言描述，并对所有算法进行了详尽的注释，有利于学生理解算法的基本思想。这样学生只要读懂算法，便能实现程序，激发了学生的学习兴趣，进一步提高了学生对数据的抽象能力和程序设计能力，使得计算思维能力的培养切实可行。学习指导部分详细给出了书中习题的解答思路和参考答案。

　　编写第一部分的出发点是通过一些典型的实例练习，使学生掌握如何利用数据结构知识去分析和解决实际问题。本书安排了五个实践单元，各单元的训练重点在于基本数据结构和经典算法的训练。较大的实验题比平时的实验题要复杂得多，也更接近实际。各实践单元与教科书的各章具有基本的对应关系，每一章实验题均包含实验目的、实验指导和实验题。其中，实验指导中包含的验证性实验和综合实验都是精选的实验题目，每一道实验题都给出了重点语句的注释，并给出了调试结果，以帮助读者更好地理解程序。每章的选做实验中安排有难度不等的若干个实验题，并给出了部分实验的简要分析，以帮助读者解题。在编写过程中，我们将计算思维的能力培养融入其中。计算思维的本质是抽象和自动化。通过数据抽象进行数据的选取和组织，应用约简、嵌入、转化、仿真等方法，实现问题的求解。在实验教学环节采用计算思维教学模式，让学生在实验中学习知识、消化知识，以战代练，强化计算思维。最终，使学生将计算思维转化成为自己的认识论和方法论，并逐渐形成科学的思维方法和严谨的科学态度。

编写第二部分的目的是通过对习题的分析与解答，使学生充分掌握数据结构的原理以及求解数据结构问题的思路和方法，从而编写出符合数据结构规范的算法，进一步加深对基本概念的理解，提高学生分析问题和解决问题的能力。第二部分共分为九章，每一章都包含基本知识点、习题解析、自测题及参考答案。基本知识点帮助读者回顾本章的基本知识和重要知识点。每一章习题解析都与《数据结构与算法设计》一书中的内容相对应，对教科书中的每道习题给出了比较详尽的解答，希望帮助学生解决一些学习上的疑难之处，给他们一点启发。每组习题之后附加了自测题，建议大家先自己做，然后再看答案，这样有利于学习、思考、掌握，否则，既容易妨碍自己的思路，又可能造成依赖性。另外，本书的解答只作为参考，希望大家能有更好的解答。

本书实验指导部分的第四、五、六章，学习指导部分的第五、六、七、八章及附录内容由齐爱玲编写；实验指导部分的第一、二章，学习指导部分的第二章内容由张小艳编写；实验指导部分的第三章以及学习指导部分的第三、四章内容由李占利编写；学习指导部分的第一、九章内容由王伯槐编写。全书由齐爱玲统稿、修改、定稿。张小艳、李占利审稿。

限于编者水平，书稿虽几经修改仍难免存在不足之处，敬请广大读者批评指正。

编　者
2016 年 1 月

目　　录

第一部分　实　验　指　导

第二部分　学　习　指　导

第一部分　实　验　指　导

第一章　实验规范指导

1.1　基于计算思维的数据结构实验教学

　　"数据结构与算法"是一门研究非数值计算的程序设计问题中有关计算机的操作对象以及它们之间的关系和操作等的学科。在学习数据结构与算法课程的基础上，通过对不同数据结构及其算法的上机实践，以加强对相关理论知识的理解与掌握，同时使学生具备针对数学和工程问题按照计算机求解问题的基本方式解决问题的能力，进而能够构建出相应的算法和基本程序。因此，在数据结构课程教学过程中实验环节起着至关重要的作用。本课程重在培养学生的数据抽象能力和复杂程序设计能力，进而培养学生的科学与工程计算能力。

　　为了促进学习者计算思维能力的养成，在实验教学中，需要为每个知识点提供不同的实验题目，以便不同专业方向的学习者可以自主选择，通过学习者的自主实验培养其计算思维能力和对数据结构知识点的掌握。因此本书的实验材料具有多样化特点。编者精心设计了多种由浅入深的实验题目，这些实验包括以下三个方面：

　　(1) 单个知识点实验。设计该知识点的典型问题，让学习者模仿该类问题的求解方法，初步掌握计算思维方法。

　　(2) 知识点综合实验和课程综合实验。这部分实验引导学生将不同的知识点和方法综合应用到该实验问题的解决中，提高学生综合应用所学知识的能力，使学生可以对问题进行分解，提出该问题的解决方案；训练学生的计算思维，提高综合运用计算思维方法的能力。

　　(3) 自选实验。通过课堂理论教学以及前两方面由浅入深的实践教学，学生具备了一定的解决数据结构问题的能力，设计自选实验的目的是使学生能够自己综合运用数据结构所学知识和前期积累的实践经验，达到自己动手解决问题的能力，是对学生计算思维能力培养结果的一个检验。

　　通过不同层次的实验，学生不仅可以验证一些理论知识的正确性，同时还可以通过灵活多样性的实验题目提高上机编程能力，进一步培养学生按照计算思维方法对所研究的问题进行抽象、归纳、建立数字模型，或确定问题求解模型、步骤，或确定算法，达到培养学生的计算思维能力，为学生将来应用科学与工程计算从事科学研究、解决工程实践问题奠定坚实的理论和方法论基础的目的。

　　数据结构课程的内容大致可分为基本概念、基本数据结构、常用的数据处理技术三大部分，其多维知识架构如实验图 1.1 所示。通过该知识点架构图我们可以清楚地看出数据结构课程的脉络。数据结构实验正是围绕数据结构的知识点展开，是对理论知识点的深化和实践。通过单个知识点的实验加深读者对每种数据结构的理解，通过综合应用理解每种数据结构在实际中的应用。实验中对常用的数据处理技术进行了强化训练。

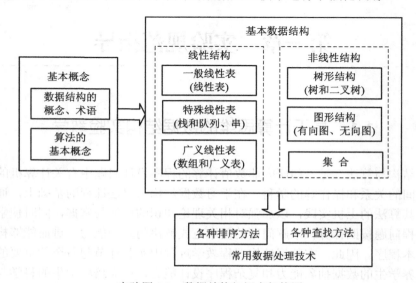

实验图 1.1　数据结构知识点架构图

1.2　本书实验安排

　　"数据结构与算法"是一门研究非数值计算的程序设计问题中有关计算机的操作对象以及它们之间的关系和操作等的学科。本课程重在培养学生逻辑思维能力，培养学生的数据抽象能力和复杂程序的设计能力。因此，数据结构课程教学过程中实验环节起着至关重要的作用。在学习数据结构课程的基础上，通过对不同数据结构及其算法的上机实践，可以加强对相关理论知识的掌握。通过数据结构实践教学，不仅能使学生系统掌握数据结构这门课的主要内容，而且培养学生分析问题和解决问题以及编程等实际动手能力。

　　本课程教学大纲要求总学时为 64～80，理论教学为 48～64 学时。根据教学内容和教学目标，建议实验课共开设 16 个学时，其中验证性实验 4 学时，综合实验 12 学时。要求在教学相关章节同时进行专业实验并写出实验报告。实验课分班进行，每个实验班 35 人左右，配备一名实验指导教师。

　　本书共给出了 22 个实践设计实例，其中包括验证性实验和综合实验，见实验表 1.1 所示。并在每部分后给出了选作实验，供学生选择练习。

实验表 1.1　实验项目与内容提要

序号	实验项目名称	实验学时	实验类型	内　容　提　要
1	线性表及其应用	4	验证	1. 顺序表的应用 2. 链表的应用
			综合	1. 约瑟夫环问题 2. 狐狸逮兔子实验
2	栈与队列及其应用	2	验证	1. 顺序栈的基本操作实现 2. 链栈的基本操作实现 3. 循环队列的基本操作实现
			综合	1. 后缀表达式求值 2. 八皇后问题 3. 模拟服务台前的排队问题
3	串、数组及其应用	2	验证	1. 串基本操作的实现 2. 用三元组表实现稀疏矩阵的基本操作
			综合	1. KMP 算法的实现 2. 输出魔方阵
4	树、图及其应用	4	验证	1. 二叉树的基本运算实现 2. 图遍历的演示
			综合	1. 电文的编码和译码 2. 拓扑排序实验
5	查找、排序及其应用	4	验证	1. 静态查找表 2. 动态查找表
			综合	1. 哈希表的设计 2. 不同排序算法的比较

1.3　实　验　步　骤

　　人们解决问题的过程是：观察问题→分析问题→脑中收集信息→根据已有的知识、经验进行判断、推理→采用某种方法和步骤解决。人们用计算机解决问题时是将采用的方法和步骤利用计算机能够识别的计算机语言编制代码，"告诉"计算机进行处理。其过程如实验图 1.2 所示。

1. 分析问题

　　在进行设计之前，首先应该充分地分析和理解问题，明确问题要求做什么，限制条件是什么，也就是对所需完成的任务作出明确的描述。例如：输入数据的类型、值的范围及输入的形式；输出数据的类型、值的范围及输出的形式；若是会话式的输入，则结束标志是什么，是否接受非法的输入，对非法输入的回答方式是什么；等等。用科学规范的语言对所求解的问题做准确的描述。

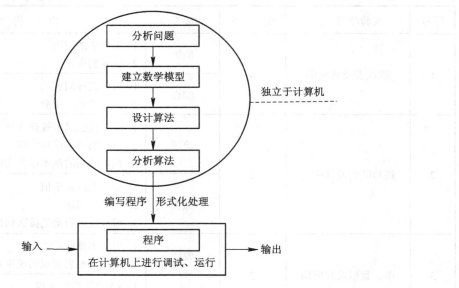

实验图 1.2　利用计算机解决问题的过程

2．数学建模(数据及其之间关系的抽象)及操作集合的定义

在分析问题的基础上，抽象出问题相关的数据及其之间的关系，也就是建立相应的数学模型。这里的数学模型可以是线性表、树、图。这些模型可以用 C 语言中的数据类型描述。之后，根据具体问题所需的处理逻辑抽象出操作集合。

3．算法设计

依据第二步得到的数学模型及操作集合进行算法设计。针对问题列出指令序列，这里可以用伪码语言表示。

4．算法分析

算法分析一般包括正确性分析、时间及空间效率分析。

5．编码实现

运用熟悉的程序设计语言进行编码，在编码的过程中需注意以下几点：

(1) 对函数功能和重要变量进行注释。

(2) 一定要按格式书写程序，分清每条语句的层次，对齐括号，这样便于发现语法错误。

(3) 控制 if 语句连续嵌套的深度，分支过多时应考虑使用 Switch 语句。

6．上机准备和上机调试

上机准备包括以下几个方面：

(1) 熟悉 C 语言用户手册或程序设计指导书。

(2) 注意 Turbo C、VC 与标准 C 语言之间的细微差别。

(3) 熟悉机器的操作系统和语言集成环境的用户手册，尤其是最常用的命令操作，以便顺利进行上机操作的基本活动。

(4) 掌握调试工具，考虑调试方案，设计测试数据并手工得出正确结果。"磨刀不误砍柴工"。学生应该熟练运用高级语言的程序调试器 DEBUG 调试程序。

　　上机调试程序时要带一本高级语言教材或手册。调试最好分模块进行，自底向上，即先调试低层过程或函数，必要时可以另写一个调用驱动程序。这种表面上看来麻烦的工作实际上可以大大降低调试所面临的复杂性，提高调试工作效率。

　　在调试过程中可以不断借助 DEBUG 的各种功能提高调试效率。调试中遇到的各种异常现象往往是预料不到的，此时不应"苦思冥想"，而应借助系统提供的调试工具确定错误。调试正确后，认真整理源程序及其注释，打印出带有完整注释且格式良好的源程序清单和结果。

第二章　线性表及其应用

2.1　实 验 目 的

　　线性表是最简单的基本数据结构，在解决实际问题中有着广泛的应用。本次实验的主要目的在于熟悉线性表的基本运算在两种存储结构上的实现，巩固对线性表逻辑结构的理解，掌握线性表的顺序存储结构和链式存储结构及基本操作的实现，为应用线性表解决实际问题奠定良好的基础。通过本章的实验，学会分析问题、解决问题，可从具体问题中抽象出解决问题的方法，选择合理的存储结构，设计合理的解决方法。通过本次实验还可以帮助学生复习 C 语言。

2.2　实 验 指 导

　　线性表的存储结构有两种：顺序存储结构和链式存储结构。这两种存储结构各有其特点。

　　顺序存储结构具有按元素序号随机访问的特点，而且方法简单，不用为表示结点间的逻辑关系而增加额外的存储开销。但它也有缺点，即在做插入、删除操作时，平均需要移动大约表中一半的元素，因此对 n 较大的顺序表的操作效率低下。

　　链式存储结构不需要用地址连续的存储单元来实现，它是通过"链"建立起数据元素之间的逻辑关系，因此对线性表的插入、删除运算不需要移动数据元素。

　　实验内容围绕着线性表的两种存储结构展开，使学生能够充分理解线性表的特点及其两种存储结构的特点。

2.2.1　顺序表的应用

【问题描述】

　　建立一个递增有序的顺序表，实现将 X 插入到线性表的适当位置上，以保持线性表的有序性；实现插入、求表长以及输出该线性表。

【数据结构】

　　本设计使用顺序表实现。

【算法设计】

　　顺序表结构定义包含两部分：一部分是用于存储数据的一维数组 list，一部分是记录线性表中最后一个元素在数组中位置的变量 last。为简单起见，线性表的数据元素为 int。程序中设计了六个函数：

> 函数 InitList()用来初始化一个空的线性表；
> 函数 PutseqList()用来输入一个线性表；

注意：线性表的第一个元素存储在数组 list 的 0 号单元，last 存储数组最后一个元素的存储位置为 n−1。

> 函数 LengthList()用来求线性表的长度；
> 函数 PositionList()用来判断 X 的插入位置；

注意：这里返回的位置值为找到的数组下标 + 1，因为下标 j 表示第 j+1 个元素，所以返回 j+1。

> 函数 InsertList()用来插入数据 X；
> 函数 OutputSeqList()用来输出线性表。

【程序实现】

```c
#include<stdio.h>
#define MAXSIZE 100
typedef int ElemType;
/*定义线性表*/
typedef struct
{
    ElemType list[MAXSIZE];
    int last;
}SeqList;
/*创建空表*/
void InitList(SeqList *L)
{
    L->last = -1;
}
/*输入递增有序顺序表*/
void PutseqList(SeqList *L, int n)
{
    int i;
    for(i = 0; i<n; i++)
        scanf("%d",  &(L->list[i]));
    L->last = L->last+n;
}
/*求表长*/
int LengthList(SeqList *L)
{
    int Len;
```

```
        Len=L->last+1;
        return Len;
    }
/*判断插入位置*/
int PositionList(SeqList *L,  int X)
{
    int j;
    for(j = 0; j<=L->last; j++)
        if(X<L->list[j])  /*如果找到位置就返回地址, 否则直到循环结束再返回最后一个地址*/
        return j+1;      /*注意这里要加 1, 下标 j 表示第 j+1 个元素, 所以返回 j+1*/
    return (L->last+2); /*这里不能用 else, 否则就属于 for 循环里面的了*/
}
/*插入元素*/
int InsertList(SeqList *L, int i, int e)
{
    int k;
    if((i<1)||(i>L->last+2))
    {
        printf("插入位置不合理");
        return(0);
    }
    if(L->last>=MAXSIZE-1)
    {
        printf("表已满无法插入");
        return(0);
    }
    for(k=L->last; k>=i-1; k--)
        L->list[k+1] = L->list[k];
        L->list[i-1] = e;
        L->last++;
        return(1);
}
/*输出元素*/
int OutputSeqList(SeqList *L)
{
    int i;
    printf("输出结果为: ");
    for(i=0; i<=L->last; i++)
        printf("%d", L->list[i]);
```

```
            return(L->list[i]);
        }
        void main()
        {
            int s, c;
            SeqList L;
            InitList(&L);
            printf("请输入顺序表长度: ");
            scanf("%d", &s);
            printf("请输入递增顺序表: ");
            PutseqList(&L, s);
            LengthList(&L);
            printf("表长为%d\n", LengthList(&L));
            printf("请输入要插入的元素: ");
            scanf("%d", &c);
            InsertList(&L, PositionList(&L, c), c);
            OutputSeqList(&L);
            printf("\n");
        }
```

【运行与测试】

运行如下:

```
请输入顺序表长度: 10
请输入递增顺序表: 2 6 10 15 20 25 30 39 50 68
表长为10
请输入要插入的元素: 25
输出结果为: 2 6 10 15 20 25 25 30 39 50 68
```

2.2.2　单链表的应用

【问题描述】

完成两个多项式的相加操作: 已知有两个多项式 $P_m(x)$、$Q_m(x)$, 设计算法实现 $P_m(x) + Q_m(x)$ 运算, 而且对加法运算不重新开辟存储空间。要求用链式存储结构实现。例如: $P_m(x) = 5x^3 + 2x + 1$, $Q_m(x) = 3x^3 + x^2 - 2x - 3$, 其计算输出结果为: $8x^3 + 1x^2 - 2$。

【数据结构】

本设计使用单链表实现。

【算法设计】

程序中设计了四个函数:

➢ 函数 Init()用来初始化一个空链表;

➢ 函数 CreateFromTail()用来创建一个链表, 这里是用尾插法来创建链表;

➢ 函数 Polyadd()用来实现两个多项式相加算法;

➢ 函数 Print()用来输出多项式。

两个多项式相加算法的实现，首先是将两个多项式分别用链表进行存放。可以设置两个指针 LA1 和 LB1 分别从多项式 $P_m(x)$ 和 $Q_m(x)$ 的首结点移动，比较 LA1 和 LB1 所指结点的指数项，则可以分下面三种情况进行处理：

(1) 若 LA1->exp<LB1->exp，则 LA1 所指结点为多项式中的一项，LA1 指针在原来的基础上向后移动一个位置。

(2) 若 LA1->exp=LB1->exp，将对应项的系数相加，然后分两种情况处理：如果系数项的和为零，则释放 LA1 和 LB1 所指向的结点；如果系数项的和不为零，则修改 LA1 所指向结点的系数域，释放 LB1 结点。

(3) 若 LA1->exp>LB1->exp，则 LB1 所指结点为多项式中的一项，LB1 指针在原来的基础上向后移动一个位置。

实验图 2.1 为两个多项式链表的示意图。

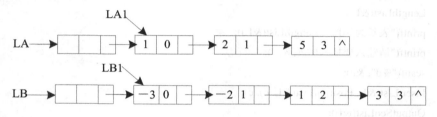

实验图 2.1　由两个多项式建立的两个线性链表的示意图

【程序实现】

```
#include<stdio.h>
#include<malloc.h>
#include<stdlib.h>
typedef struct poly
{
    int exp;                    /*指数幂*/
    int coef;                   /*系数*/
    struct poly *next;          /*指针域*/
}PNode, *PLinklist;
int Init(PLinklist *head)       /*链表初始化*/
{
    *head=(PLinklist)malloc(sizeof(PNode));
    if(*head)
    {
        (*head)->next = NULL;
        return 1;
    }
    else
        return 0;
```

```
    }
int CreateFromTail(PLinklist *head)    /*尾插法创建链表*/
{
    PNode *pTemp, *pHead;
    int c;                  /*存放系数*/
    int exp;                /*存放指数*/
    int i=1;                /*计数器提示用户输入第几项*/
    pHead = *head;
    scanf("%d, %d", &c, &exp);
    while(c!=0)             /*系数为 0 表示结束输入*/
    {
        pTemp=(PLinklist)malloc(sizeof(PNode));
        if(pTemp)
        {
            pTemp->exp = exp;    /*接收指数*/
            pTemp->coef = c;     /*接收系数*/
            pTemp->next = NULL;
            pHead->next = pTemp;
            pHead = pTemp;
            scanf("%d, %d", &c, &exp);
        }
        else
            return 0;
    }
    return 1;
}
void Polyadd(PLinklist LA, PLinklist LB)/*两个多项式相加, 该方法中两个表都是按指数顺序
                                增长*/
{   /*对指数进行对比分三类情况: A<B 时将 A 链到 LA 后, A==B 时比较系数, A>B 时将 B
    链到表中*/
    PNode *LA1 = LA->next;           /*用于在 LA 中移动*/
    PNode *LB1 = LB->next;           /*用于在 LB 中移动*/
    /*LA 与 lB 在充当 LA1 和 LB1 的前驱*/
    PNode *temp;                     /*保存要删除的结点*/
    int sum = 0;                     /*存放系数的和*/
    while(LA1&&LB1)
    {
        if(LA1->exp<LB1->exp)
        {
```

```
            LA->next = LA1;              /*LA 的当前结点可能是 LB1 或 LA1*/
            LA = LA->next;
            LA1 = LA1->next;
        }
        else if(LA1->exp==LB1->exp)        /*指数相等系数相加*/
        {
            sum = LA1->coef+LB1->coef;
            if(sum)      /*系数不为 0, 结果存入 LA1 中, 同时删除结点 LB1*/
            {
                LA1->coef = sum;
                LA->next = LA1;
                LA = LA->next;
                LA1 = LA1->next;
                temp = LB1;
                LB1 = LB1->next;
                free(temp);
            }
            else          /*系数为 0 时的情况下删除两个结点*/
            {
                temp = LA1;
                LA1= LA1->next;
                free(temp) ;
                temp = LB1;
                LB1 = LB1->next;
                free(temp);
            }
        }
        else
        {
            LA->next = LB1;
            LA = LA->next;
            LB1 = LB1->next;
        }
    }
    if(LA1)      /*将剩余结点链入链表*/
        LA->next = LA1;
    else
        LA->next = LB1;
}
void Print(PLinklist head)/*输出多项式*/
```

```
    {
        head = head->next;
        while(head)
        {   if(head->exp)
                printf("%dx^%d", head->coef, head->exp);
            else
                printf("%d", head->coef);
            if(head->next)
                printf("+");
            else
                break;
            head = head->next;
        }
    }
    void main()
    {
        PLinklist LA;    /*多项式列表 LA*/
        PLinklist LB;    /*多项式列表 LB*/
        Init(&LA);
        Init(&LB);
        printf("输入第一个多项式的系数，指数(例如 10, 2)输入 0, 0 结束输入\n");
        CreateFromTail(&LA);
        printf("输入第二个多项式的系数，指数(例如 10, 2)输入 0, 0 结束输入\n");
        CreateFromTail(&LB);
        Print(LA);
        printf("\n");
        Print(LB);
        printf("\n");
        Polyadd(LA, LB);
        printf("两个多项式相加的结果：\n");
        Print(LA);          /*相加后结果保存在 LA 中, 打印 LA*/
        printf("\n");
    }
```

【运行与测试】

　　注意：这里两个多项式按指数增长输入。运行如下：

```
输入第一个多项式的系数，指数（例如：10,2）输入0,0结束输入
1,0  2,1  5,3  0,0
输入第二个多项式的系数，指数（例如：10,2）输入0,0结束输入
-3,0  -2,1  1,2  3,3  0,0
1+2x^1+5x^3
-3+-2x^1+1x^2+3x^3
两个多项式相加的结果：
-2+1x^2+8x^3
```

2.2.3　约瑟夫环问题

【问题描述】

设有 n 个人围坐在圆桌周围，现从某个位置 m(1≤m≤n)上的人开始报数，报数到 k 的人就站出来。下一个人，即原来的第 k+1 位置上的人又从 1 开始报数，再报数到 k 的人站出来。依此重复下去，直到全部的人都站出来为止。试设计一个程序求出出列序列。

【数据结构】

本设计使用循环单链表实现。

【算法分析与设计】

这是一个使用循环链表的经典问题。因为要不断地出列，采用链表的存储形式能更好地模拟出列的情况。本算法即采用一个不带表头的循环链表来处理约瑟夫环问题，其中的 n 个人用 n 个结点来表示。程序有两个函数：

➤ 函数 Create_clist()：用来创建一个不带头结点的单循环链表，clist 为头指针，创建结束后让全局指针 joseph 指向循环链表的头。

➤ 函数 Joseph()：实现出列。

Joseph 算法伪代码描述如下：

```
{
        初始化工作指针 p=joseph；
        循环做 p=p->next，直到 p 指向第 m 个结点(从 m 报数)；
        while p
        {   循环做 p=p->next，直到 p 指向第 k-1 个结点；
            q=p->next，输出结点 q 的编号(输出数到 k 的人)；
            if(p->next==p 即链表中只有一个结点)(数到 k 的人出列)
                删除 p；
            else    删除 q；
        }
        链表指针 clist 置空；
}
```

其操作示意图如实验图 2.2 所示。

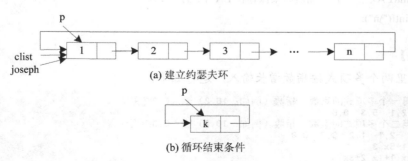

(a) 建立约瑟夫环

(b) 循环结束条件

实验图 2.2　约瑟夫环问题存储示意图

在此算法中，每次找出需出列的结点，要经过 k 次循环移动定位指针。全部结点出列需经过 n 个 k 次循环。因此，本算法的时间复杂度为 O(k*n)。在实际问题的处理中，有许多与约瑟夫问题类似，都可以采用此方法完成。

【程序实现】

```c
#include <stdio.h>
#include <stdlib.h>
#include<conio.h>
#define OVERFLOW -1
typedef int Elemtype;    /*定义数据元素类型*/
/*数据类型定义*/
typedef struct Cnode
{   Elemtype data;
    struct Cnode *next;
}CNode;
CNode *joseph;          /*定义一个全局变量*/
/*创建单循环链表函数*/
int Create_clist(CNode *clist, int n)
{   CNode *p, *q;
    int i;
    clist=NULL;
    for(i=n; i>=1; i--)
    {   p=(CNode *)malloc(sizeof(CNode));
        if(p==NULL) return OVERFLOW; /*存储分配失败*/
        p->data=i;
        p->next=clist;
        clist=p;
        if(i==n)    q=p;   /*用 q 指向链表的最后一个结点*/
    }
    q->next=clist;   /*把链表的最后一个结点的链域指向链表的第一个结点，构成循环链表*/
    joseph=clist;    /*把创建好的循环链表头指针赋给全局变量*/
    return 1;
}
int Joseph(CNode *clist, int m, int n, int k)
{   int i;
    CNode *p, *q;
    if(m>n) return -1;    /*起始位置错*/
    if(!Create_clist(clist, n))
        return -1;                /*循环链表创建失败*/
    p=joseph;                 /*p 指向创建好的循环链表*/
```

```
        for(i=1; i<m; i++)
            p=p->next;                  /*p 指向 m 位置的结点*/
        while(p)
        {   for(i=1; i<k-1; i++)
                p=p->next;              /*找出第 k-1 个结点*/
            q=p->next;
            printf(" %d", q->data);      /*输出应出列的结点*/
            if(p->next==p)
                p=NULL;                 /*删除最后一个结点*/
            else {
                p->next=q->next;
                p=p->next;
                free(q);
            }
        }
        clist=NULL;
        return 1;
    }
    void main( )
    {   int m, n, k;
        CNode *clist;
        clist=NULL;    /*初始化 clist*/
        printf("\n 请输入围坐在圆桌周围的人数 n：");
        scanf("%d", &n);
        printf(" 请输入第一次开始报数人的位置 m：");
        scanf("%d", &m);
        printf(" 你希望报数到第几个数的人出列?");
        scanf("%d", &k);
        Create_clist(clist, n);    /*创建一个有 n 个结点的循环链表 clist*/
        printf(" 出列的顺序如下：\n");
        Joseph(clist, m, n, k);
        printf("\n");
    }
```

【运行与测试】

运行如下：

```
请输入围坐在圆桌周围的人数n：13
请输入第一次开始报数人的位置m：5
你希望报数到第几个数的人出列?6
出列的顺序如下：
10 3 9 4 12 7 5 2 6 11 8 1 13
```

2.2.4 狐狸逮兔子实验

【问题描述】

围绕着山顶有 10 个圆形排列的洞，狐狸要吃兔子，兔子说："可以，但必须找到我，我就藏身于这 10 个洞中，你先到 1 号洞找，第二次隔 1 个洞(即 3 号洞)找，第三次隔 2 个洞(即 6 号洞)找，以后如此类推，次数不限。"但狐狸从早到晚进进出出了 1000 次，仍没有找到兔子。问兔子究竟藏在哪个洞里？

【数据结构】

本设计使用顺序表实现。

【算法设计】

程序中有两个函数：

➢ 函数 InitList_Sq()：构造一个空的线性表；

➢ 函数 Rabbit()：实现狐狸逮兔子算法。

本算法思路比较简单，这实际上是一个反复查找线性表的过程。在程序中定义一个顺序表，用具有 10 个元素的顺序表来表示这 10 个洞。每个元素分别表示围着山顶的一个洞，下标为洞的编号。首先对所有洞设置标志为 1，然后通过 1000 次循环，对每次所进之洞修改标志为 0，最后输出标志为 1 的洞。

狐狸逮兔子算法伪代码描述如下：

```
{
    初始化当前洞口号的计数器 i=0;
    循环将所有洞标记为 1;
    for 循环
    { 计算进洞位置：current=(current+i)%线性表长;
        将该洞标记为 0;
    }
    for 循环
    {   如果某洞标记为 1，即(*L).elem[i]==1;
        则输出该洞;
    }
}
```

【程序实现】

```c
#include <stdio.h>
#include <stdlib.h>
#include<conio.h>
#define OK    1
#define OVERFLOW -2
typedef int status;
typedef int ElemType;
```

```
#define LIST_INIT_SIZE 10        /*线性表存储空间的初始分配量*/
typedef struct {
    ElemType *elem;              /*存储空间基址*/
    int   length;               /*当前长度*/
    int listsize;               /*当前分配的存储容量(以 sizeof(ElemType)为单位*/
}SqList; )
/*构造一个线性表 L*/
status InitList_Sq(SqList *L)
{
    (*L).elem=(ElemType *)malloc(LIST_INIT_SIZE*sizeof(ElemType));
    if(!((*L).elem))    return OVERFLOW;    /*存储分配失败*/
    (*L).length=0;                          /*空表长度为 0*/
    (*L).listsize=LIST_INIT_SIZE;           /*初始存储容量*/
    return OK;
}
/*构造狐狸逮兔子函数*/
status Rabbit(SqList *L)
{
    int i, current=0;   /*定义一个当前洞口号的记数器，初始位置为第一个洞口*/
    for(i=0; i<LIST_INIT_SIZE; i++)
        (*L).elem[i]=1;         /*给每个洞作标记为 1，表示狐狸未进洞*/
        (*L).elem[LIST_INIT_SIZE-1]=0;
        (*L).elem[0]=0;             /*第一次进入第一个洞，标记进过的洞为 0 */
    for(i=2; i<=1000; i++)
    {
        current=(current+i)%LIST_INIT_SIZE;     /*实现顺序表的循环引用*/
        (*L).elem[current]=0;                   /*标记进过的洞为 0*/
    } /*第二次隔 1 个洞查找，第三次隔 2 个洞查找，以后如此类推，经过 1000 次*/
    printf("\n 兔子可能藏在如下的洞中：") ;
    for(i=0; i<LIST_INIT_SIZE; i++)
        if((*L).elem[i]= =1)
            printf("\n 第%d 号洞", i+1);        /*输出未进过的洞号*/
    return OK;
}
void main()
{
    SqList L;
    InitList_Sq(&L);
    Rabbit(&L);
```

```
        printf("\n");
        getch();
    }
```

【运行与测试】

运行如下：

```
兔子可能藏在如下的洞中：
第2号洞
第4号洞
第7号洞
第9号洞
```

2.3　实　验　题

(1) 建立线性表的链式存储结构，实现线性链表的建表、查找、插入和删除操作。

【提示】　首先定义线性链表如下：

```
    typedef struct node
    {
        datatype data;
        struct node *next;
    }LNode, *LinkList;
```

此题可仿照实验指导一节中 2.2.1 顺序表的应用来做。将每个操作定义为一个函数，主程序对各个函数进行调用。函数的实现可参看配套教材。

(2) 处理约瑟夫环问题也可用数组完成，请编写使用数组实现约瑟夫环问题的算法和程序。

【提示】　首先定义线性表的顺序存储结构，约瑟夫环的算法思想参看实验指导一节的 2.2.3 小节。

(3) 假设有两个按元素值递增有序排列的线性表 A 和 B，均以单链表作存储结构，请编写算法将表 A 和表 B 归并成一个按元素非递减有序(允许值相同)排列的线性表 C，并要求利用原表(即表 A 和表 B)的结点空间存放表 C。

【提示】　除了指向线性表 C 头结点的指针外，还需设置三个指针 Pa、Pb、Pc；首先 Pa、Pb 分别指向线性表 A 和 B 的表头，Pc 指向 A 和 B 的表头值较小的结点，线性表 C 头结点的指针等于 Pc；然后，比较 Pa 与 Pb 的值的大小，让 Pc 的后继指向较小值的指针，接着 Pc 向后移动，较小值的指针也向后移动，以此类推，直到 Pa、Pb 中某一个为空，这时，让 Pc 的后继指向 Pa、Pb 中非空的指针，这样就完成了 C 表的建立。

(4) 给定一个整数数组 b[0..N-1]，b 中连续相等元素构成的子序列称为平台，试设计算法，求出 b 中最长平台的长度。

【提示】　设置一个平台长度变量 Length 和一个计数器 Sum。初始化 Length 为 1，Sum 为 1，再设置两个下标指针 i、j。首先，i 指向第一个数组元素，j 指向其次的第二个元素，比较 i、j 指向元素值的大小，若相等，则 Sum++，i++，j++，再次比较 i、j 指向元素值的大小，若不相等，则比较 Length 与 Sum 的大小，如果 Sum 值大于 Length，则把 Sum 的值赋给 Length，Sum 的值重置为 1，同时 i、j 也向前各移动一位；重复上面的过程，直到 i 指向最后一个元素为止，此时的 Length 就是最长平台的长度。

(5) 大整数的加法运算。C 语言中整数类型表示数的范围为 $-2^{31} \sim 2^{31}-1$，无符号整型数表示数的范围为 $0 \sim 2^{32}-1$，即 $0 \sim 4\,294\,967\,295$，可以看出，不能存储超出 10 位数的整数。有些问题需要处理的整数远不止 10 位。这种大整数用 C 语言的整数类型无法直接表示。请编写算法完成两个大整数的加法操作。

【提示】　处理大整数的一般方法是用数组存储大整数，数组元素代表大整数的一位，通过数组元素的运算模拟大整数的运算。注意需要将输入到字符数组的字符转换为数字。程序中可以定义两个顺序表 LA、LB 来存储两个大整数，用顺序表 LC 存储求和的结果。

(6) 设计一个学生成绩数据库管理系统，学生成绩管理是学校教务部门日常工作的重要组成部分，其处理信息量很大。本题目是对学生成绩管理的简单模拟，用菜单选择方式完成下列功能：输入学生数据；输出学生数据；学生数据查询；添加学生数据；修改学生数据；删除学生数据。用户可以自行定义和创建数据库，并能保存数据库信息到指定文件以及打开并使用已存在的数据库文件。要求能提示和等待用户指定命令，进行相关操作。

【提示】　本题目的数据是一组学生的成绩信息，每条学生的成绩信息可由学号、姓名和成绩组成，这组学生的成绩信息具有相同特性，属于同一数据对象，相邻数据元素之间存在序偶关系。由此可以看出，这些数据具有线性表中数据元素的性质，所以该系统的数据采用线性表来存储。本题目的实质是完成对学生成绩信息的建立、查找、插入、修改、删除等功能，可以先构造一个单链表，其结点信息包括字段名、字段类型以及指向下一结点的指针。通过对单链表的创建，达到创建库结构的目标。要能实现打开和关闭数据库操作，将每个功能写成一个函数来完成对数据的相应操作，最后完成主函数以验证各个函数功能并得出运行结果。

第三章 栈与队列及其应用

3.1 实 验 目 的

本次实验的目的在于使读者深入了解栈和队列的特征。栈和队列广泛应用在各种软件系统中，掌握栈和队列的存储结构及基本操作的实现是以栈和队列作为数据结构解决实际问题的基础，尤其是栈和队列有许多经典应用，深刻理解并实现这些典型应用，学会在实际问题中使用堆栈技术和递归技术，对于提高数据结构和算法的应用能力具有很重要的作用。

3.2 实 验 指 导

栈是只允许在栈顶进行插入和删除。采用顺序存储结构存储的栈有顺序栈和栈的共享，采用链式存储结构存储的栈为链栈。栈的主要操作有入栈和出栈操作。为了不发生上溢错误，实现时给每个栈要分配一个足够大的存储空间。但实际中很难准确地估计所用空间，因此实际使用中，让多个栈共用一个足够大的连续空间，称为共享栈。注意区分不同存储结构下栈空、栈满的条件。

队列操作是在表的一端插入数据元素，另一端删除数据元素。采用顺序存储结构存储的队列有顺序队列和循环队列，采用链式存储结构存储的队列为链队列。队列的主要操作有入队和出队操作。在顺序队列中，为了解决假溢出现象，可以采用循环队列。注意区分不同存储结构下队空、队满的条件。

实验内容围绕着栈和队列在不同存储结构下的基本操作以及栈和队列的实际应用展开。

3.2.1 顺序栈的基本操作实现

【问题描述】

建立一个顺序栈，实现入栈、出栈和取栈顶元素的操作。

【数据结构】

本设计使用顺序栈实现。

【算法设计】

程序中设计了四个函数：

➤ 函数 InitStack()用来初始化一个顺序栈；

➤ 函数 Push()用来实现元素的入栈操作；

➤ 函数 Pop()用来实现元素的出栈操作；

➤ 函数 GetTop()用来实现取栈顶元素的操作。

主函数设计了用户界面，供用户选择不同的栈的操作。这里，顺序栈的数据类型定义如下：

```
typedef struct
{   datatype data[maxsize];
      int top;
} SeqStack;
```

【程序实现】

```
#include <stdio.h>
#include <stdlib.h>
#include<conio.h>
#define maxsize    20
#define datatype    char
typedef struct
{
    datatype data[maxsize];
    int top;
} SeqStack;
void InitStack(SeqStack *s)            /*栈的初始化*/
{
    s->top=-1;
}
int Push(SeqStack *s, datatype x)      /*入栈*/
{
    if (s->top==maxsize-1)
      return 0;
    s->data[++s->top]=x;
    return 1;
}
int Pop(SeqStack *s, datatype *x)       /*出栈*/
{
    if(s->top==-1)
        return 0;
    *x=s->data[s->top--];
    return 1;
}
int GetTop(SeqStack *s, datatype *x)    /*去栈顶元素*/
```

```
{
    if(s->top==-1)
        return 0;
    *x=s->data[s->top];
    return 1;
}
char menu(void)    /*主界面菜单*/
{   char ch;
    system("cls");
    printf("\n");   printf("\n");
    printf("                顺序栈操作      \n");
    printf("            ==========================\n");
    printf("                请选择\n");
    printf("                1. 入栈\n");
    printf("                2. 出栈\n");
    printf("                3. 取栈顶元素\n");
    printf("                0. 退出\n");
    printf("            ==========================\n");
    printf("            选择(0, 1, 2, 3):");
    ch=getchar();
    return(ch);
}
void main()
{
    SeqStack st;
    int flag=1, k;
    datatype x;
    char choice;
    InitStack(&st);
    do{  choice=menu();
         switch (choice)
         {   case '1':
                 printf(" 请输入入栈数据=?");
                 scanf("%d", &x);
                 k=Push(&st, x);
                 if(k) printf(" 入栈结束.");
                 else printf(" 栈为空.");
                 getch();
                 break;
             case '2':
```

```
            k=Pop(&st, &x);
            if(k) printf(" 出栈数据=%d\n", x);
            else printf(" 栈为空.");
            getch( );
            break;
        case '3':
            k=GetTop(&st, &x);
            if(k) printf(" 栈顶元素=%d\n", x);
            else printf(" 栈为空.");
            getch( );
            break;
        case '0': flag=0; break;
        }
    }while(flag==1);
}
```

【运行与测试】

依次输入入栈数据 10、20、30，则出栈结果为栈顶元素 30。取栈顶元素则为当前栈顶 20。运行如下：

```
                    顺序栈操作
        ===============================
                    请选择
                1. 入栈
                2. 出栈
                3. 取栈顶元素
                0. 退出
        ===============================
                选择(0,1,2,3):1
    请输入入栈数据:?10
    入栈结束.
```

```
                    顺序栈操作
        ===============================
                    请选择
                1. 入栈
                2. 出栈
                3. 取栈顶元素
                0. 退出
        ===============================
                选择(0,1,2,3):2
    出栈数据=30
```

```
                    顺序栈操作
        ===============================
                    请选择
                1. 入栈
                2. 出栈
                3. 取栈顶元素
                0. 退出
        ===============================
                选择(0,1,2,3):3
    栈顶元素=20
```

3.2.2　链栈的基本操作实现

【问题描述】

　　将十进制整数 num 转换为 r 进制数，其转换方法为辗转相除法。要求用链栈实现。

【数据结构】

　　本设计使用链栈实现。

【算法设计】

　　程序中设计了四个函数：

➢ 函数 InitStack()用来初始化一个顺序栈；

➢ 函数 Empty()用来实现栈的判空操作；

➢ 函数 Pop()用来实现元素的出栈操作；

➢ 函数 Convert()用来实现数制转换算法。

　　数值转换问题需要用到栈的基本操作，程序中用三个函数分别实现链栈的入栈、判断栈空和出栈操作。主函数有两个输入，即输入待转化的数和要转化的进制，函数 Convert 算法思想为：对待转换的数先判断正负，用 if…else 语句分别实现正数和负数的转化，转换的思想是利用算数运算中的取余和取整操作，借助于栈的操作，进行辗转相除来实现。

　　链栈的数据类型定义如下：

```
typedef struct node
{   datatype data;
    node *next;
}*linkstack;
```

　　本程序实现的是整数的转换，请考虑：若将十进制有理数转换为 r 进制的数，应如何实现？

【程序实现】

```
#include<stdio.h>
#include<stdio.h>
#include <stdlib.h>
typedef int datatype;
typedef struct node
{
    datatype data;
    struct node *next;
}*linkstack;
/*入栈*/
int Push(linkstack*top, datatype x)
{
    linkstack s=(linkstack)malloc(sizeof(struct node));
    if(s==NULL)
        return 0;
```

```
        s->data=x;
        s->next=(*top);
         (*top)=s;
        return 1;
    }
/*判空*/
int Empty(linkstack top)
{
    if(top==NULL)
        return 1;
    return 0;
}
/*出栈*/
int Pop(linkstack*top, datatype*x)
{
    if(top!=NULL)
    {
        linkstack p=(*top);
         (*x)=(*top)->data;
         (*top)=(*top)->next;
        free(p);
        return 1;
    }
    return 0;
}
/*十进制整数转化为任意进制数*/
void Convert(int num, int mode)
{
    int h;
    linkstack top=NULL;
    printf("转化结果为:");
    if(num>0)
    {
        while(num!=0)
        {
            h=num%mode;
            Push(&top, h);
            num=num/mode;
        }
        while(!Empty(top))
```

```
                {
                    Pop(&top, &h);
                    printf("%d ", h);
                }
                printf("\n");
            }
            else if(num<0)
            {
                printf("-");
                    num=num*(-1);
                while(num!=0)
                {
                    h=num%mode;
                    Push(&top, h);
                    num=num/mode;
                }
                while(!Empty(top))
                {
                    Pop(&top, &h);
                    printf("%d ", h);
                }
                printf("\n");
            }
            else
            printf("%d\n", 0);
        }
        void main()
        {
            int num, mode;
            printf("\n 输入要转化的数:");
                scanf("%d", &num);
            printf(" 输入要转化的进制:");
            scanf("%d", &mode);
            Convert(num, mode);
        }
```

【运行与测试】

　　运行如下：

```
输入要转化的数:789
输入要转化的进制:2
转化结果为:1 1 0 0 0 1 0 1 0 1
```

3.2.3　循环队列的基本操作实现

【问题描述】

　　建立一个循环队列，实现队列的初始化、入队列、出队列、判空和判满操作。

【数据结构】

　　本设计使用循环队列实现。

【算法设计】

　　解决循环队列中队空和队满问题有两种方法：一种方法是附设一个存储队列中元素个数的变量 num，利用 num 的值来判断队空和队满；另一种方法是少用一个元素空间。本程序中利用第一种方法，因此定义循环队列的数据类型如下：

```
typedef struct Queue
{
    datatype data[maxsize];
    int front, rear;
    int num;
}*SeQueue;
```

程序中设计了五个函数：

➤ 函数 InitSeQueue()用来实现循环队列的初始化操作；

➤ 函数 IsEmpty()用来实现循环队列的判空操作；

➤ 函数 IsFull()用来实现循环队列的判满操作；

➤ 函数 In_SeQueue()用来实现循环队列的入队列操作；

➤ 函数 Out_SeQueue()用来实现循环队列的出队列操作。

　　主函数中利用循环调用入队列和出队列函数来完成循环队列的入队和出队输出元素操作。

【程序实现】

```
#include<stdio.h>
#define maxsize 20
typedef int datatype;
typedef struct Queue
{
    datatype data[maxsize];
    int front, rear;
    int num;
}*SeQueue;
int InitSeQueue(SeQueue *Q)    /*循环队列初始化*/
{
    (*Q)=(SeQueue)malloc(sizeof(struct Queue));
    if((*Q)==NULL)
```

```
            return 0;
        (*Q)->front=-1;
        (*Q)->rear=-1;
        (*Q)->num=0;
            return 1;
}
int IsEmpty(SeQueue Q)    /*循环队列判空*/
{
    if(Q->num==0)
        return 1;
    return 0;
}
int IsFull(SeQueue Q)     /*循环队列判满*/
{
    if(Q->num==maxsize-1)
        return 1;
    return 0;
}
int In_SeQueue(SeQueue *Q, datatype x)    /*入队列*/
{
    if(!(IsFull(*Q)))
    {
        (*Q)->rear=((*Q)->real+1)%maxsize;
        (*Q)->data[(*Q)->rear]=x;
        (*Q)->num++;
        return 1;
    }
    return 0;
}
int Out_SeQueue(SeQueue *Q, datatype*x)    /*出队列*/
{
    if(!IsEmpty(*Q))
    {
        (*Q)->front=((*Q)->front+1)%maxsize;
        *x=(*Q)->data[(*Q)->front];
        (*Q)->num--;
        return 1;
    }
    return 0;
}
```

```
void main()
{
    datatype x; int i;
    SeQueue q;
    InitSeQueue(&q);
    printf("\n 输入 10 个整数元素入队列:");
    for( i=0; i<10; i++)
    {
        scanf("%d", &x);
        In_SeQueue(&q, x);
    }
    printf(" 出队列并输出:");
    for(i=0; i<10; i++)
    {
        Out_SeQueue(&q, &x);
        printf(" %d", x);
    }
    printf("\n");
}
```

【运行与测试】

运行如下：

```
输入10个整数元素入队列:2 4 6 8 10 12 14 16 18 20
出队列并输出: 2 4 6 8 10 12 14 16 18 20
```

3.2.4 后缀表达式求值

【问题描述】

计算用运算符后缀法表示的表达式的值。如：表达式(a+b*c)/d-e 用后缀法表示应为 abc*+d/e-。只考虑四则算术运算，且假设输入的操作数均为 1 位十进制数(0~9)，并且输入的后缀表达式不含语法错误。

【数据结构】

本设计使用顺序栈实现。

【算法设计】

后缀表达式也称逆波兰表达式，比中缀表达式计算起来更方便简单些。中缀表达式计算时存在括号匹配问题，所以在计算表达式值时一般都是先转换成后缀表达式，再用后缀法计算表达式的值。

程序中设计了六个函数：

➢ 函数 Init()初始化一个顺序栈；

➢ 函数 Empty()进行栈的判空；

➢ 函数 Push()进行入栈操作;
➢ 函数 Pop()进行出栈操作;
➢ 函数 Top()取栈顶元素;
➢ 函数 Eval_r()用来对两个操作数进行相应的算数运算。

算法中对后置法表示的表达式求值按如下规则进行：自左向右扫描，每遇到一个 n+1 元组(opd1, opd2, …, opdn, opr)(其中 opd 为操作数，opr 为 n 元运算符)，就计算一次 opr(opd1, opd2, …, opdn)的值，其结果取代原来表达式中 n+1 元组的位置，再从表达式开头重复上述过程，直到表达式中不含运算符为止。

后缀表达式求值算法的伪代码描述如下：

```
{
    初始化栈 s;
    while (ch 存放当前读入字符，ch!='\n')
    {  若 ch 为数字，则 c 转换为数字入栈 s;
       若 ch 为运算符，则从栈 s 中出两个操作数，做 ch 规定的运算，将运算结果重新压入栈 s;
    }
}
```

例如：实验图 3.1 中树的后缀表达式为 145*+3/3−，中缀表达式为 1+4*5/3−3。

输入：145*+3/3−↙

输出：145*+3/3−= 4 (即求(1+4*5)/3−3 的结果)

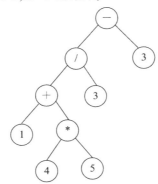

实验图 3.1　二叉树的示意图

【程序实现】

```
#include<stdio.h>
#include<stdlib.h>
#include<conio.h>
#define add 43
#define subs 45
#define mult 42
#define div 47
#define MAXSIZE 100
```

```
typedef struct{
    int data[MAXSIZE];   /*用数组来表示栈空间，定义长度为 MAXSIZE 的堆栈*/
    int top;
}seqstack;
seqstack *s;
seqstack *Init()    /*执行栈初始化*/
{
    seqstack *s;
    s=(seqstack *)malloc(sizeof(seqstack));
    if(!s)
    {
        printf("初始化失败!"); return NULL;
    }
    else
    {
        s->top=-1;        return s;
    }
}
int Empty(seqstack *s)   /*判断栈是否为空栈*/
{
    if(s->top==-1) return 1;
    else return 0;
}
int Push(seqstack *s, int x)
{   if(s->top==MAXSIZE-1)
        return 0;
    else
    {
        s->top++; s->data[s->top]=x; return 1;
    }
}
int Pop(seqstack *s, int *x)
{   if (Empty(s))
        return 0;
    else
    {
        *x=s->data[s->top]; s->top--; return 1;
    }
}
int Top(seqstack *s)
```

```
{
    if(Empty(s)) return 0;
    else return s->data[s->top];
}
int Eval_r(char t, int a1, int a2)
{   switch(t)
    {   case add:return(a1+a2);
        case subs:return(a1-a2);
        case mult:return(a1*a2);
        case div:return(a1/a2);
    }
}
void main()
{
    char ch;
    int op1, op2, temp, ch1;
    s=Init();
    printf("\n 输入后缀表达式： ");
    while((ch=getchar())!='\n')
    {
        if(ch==' ')continue;
        if(ch>47&&ch<58)    /*如果读入的是操作数，则入操作数栈*/
        {
            putchar(ch); ch1=ch-48; Push(s, ch1);
        }
        else if(ch==add||ch==subs||ch==mult||ch==div) /*如果是操作符，则出栈运算，将结果入栈*/
        {
            putchar(ch);
            Pop(s, &op1);                           /*将运算量 1 出栈*/
            Pop(s, &op2);                           /*将运算量 2 出栈*/
            temp=Eval_r(ch, op2, op1);              /*计算得到结果*/
            Push(s, temp);                          /*将运算结果进栈*/
        }
        else printf("表达式语法错!\n");            /*出现非法字符*/
    }
    Pop(s, &op1);
    printf("=%d\n", op1);
    getch();
}
```

【运行与测试】

运行如下：

```
输入后缀表达式：145×+3/3-
145×+3/3-=4
```

3.2.5 八皇后问题

【问题描述】

八皇后问题是一个古老而著名的问题，是回溯算法的典型例题。该问题是 19 世纪著名的数学家高斯于 1850 年提出的：在 8×8 格的国际象棋棋盘上，安放八个皇后，要求没有一个皇后能够"吃掉"任何其他一个皇后，即任意两个皇后都不能处于同一行、同一列或同一条对角线上，这样的格局称为问题的一个解。写一个程序求出所有解。

高斯认为有 76 种摆法。1854 年在柏林的象棋杂志上不同的作者发表了 40 种不同的解，后来有人用图论的方法得出有 92 种摆法的结论。

【数据结构】

本设计用二维数组来实现。

【算法设计】

八皇后在棋盘上分布的各种可能的格局数目非常大，约等于 2^{32} 种，但是，可以将一些明显不满足问题要求的格局排除掉。由于任意两个皇后不能同行，即每一行只能放置一个皇后，因此将第 i 个皇后放置在第 i 行上。这样在放置第 i 个皇后时，只要考虑它与前 i−1 个皇后处于不同列和不同对角线位置上即可。

对于八皇后的求解可采用回溯算法，从上至下依次在每一行放置皇后，进行搜索，若在某一行的任意一列放置皇后均不能满足要求，则不再向下搜索，而进行回溯，回溯至有其他列可放置皇后的一行，再向下搜索，直到搜索至最后一行，找到可行解，输出结果。

程序中设计了三个函数：

➢ 函数 Check()用来判断皇后所放位置(row，column)是否可行；

➢ 函数 Output()用来输出可行解，即输出棋盘；

➢ 函数 EightQueen()采用递归算法实现在 row 行放置皇后。

【程序实现】

```c
#include <stdio.h>
#include <stdlib.h>
typedef int bool;
#define true 1
#define false 0
int num = 0;    /*解数目*/
char m[8][8] = {'*'};   /*m[8][8] 表示棋盘，初始为*，表示未放置皇后*/
/*对于棋盘前 row-1 行已放置好皇后*/
/*检查在第 row 行、第 column 列放置一枚皇后是否可行*/
bool Check(int row, int column)
```

```
{
    int i, j;
    if(row==1) return true;
    for(i=0; i<=row-2; i++)    /*纵向只能有一枚皇后*/
    {
        if(m[i][column-1]=='Q') return false;
    }
    /*左上至右下只能有一枚皇后*/
    i = row-2;
    j = i-(row-column);
    while(i>=0&&j>=0)
    {
        if(m[i][j]=='Q') return false;
            i--;
            j--;
    }
    /*右上至左下只能有一枚皇后*/
    i = row-2;
    j = row+column-i-2;
    while(i>=0&&j<=7)
    {
        if(m[i][j]=='Q') return false;
            i--;
            j++;
    }
    return true;
}
void Output()    /*当已放置 8 枚皇后，为可行解时，输出棋盘*/
{
    int i, j;
    num ++;
    printf("可行解  %d:\n", num);
    for(i=0; i<8; i++)
    {
        for(j=0; j<8; j++)
        {    printf("%c ", m[i][j]);
        }
        printf("\n");
    }
```

```
    }
/*采用递归函数实现八皇后回溯算法*/
/*该函数求解当棋盘前 row-1 行已放置好皇后，在第 row 行放置皇后*/
void EightQueen (int row)
{
    int j;
    for (j=0; j<8; j++)    /*考虑在第 row 行的各列放置皇后*/
    {
        m[row-1][j] = 'Q';    /*在其中一列放置皇后*/
        if (Check(row, j+1)==true)    /*检查在该列放置皇后是否可行*/
        {
            if(row==8) Output(); /*若该列可放置皇后，且该列为最后一列，则找到一可行解，输出*/
                else    EightQueen (row+1);    /*若该列可放置皇后，则向下一行继续搜索、求解*/
        }
        /*取出该列的皇后，进行回溯，在其他列放置皇后*/
        m[row-1][j] = '*';
    }
}
/*主函数*/
void main()
{
    EightQueen (1);           /*求解八皇后问题*/
}
```

【运行与测试】

用二维数组表示 8×8 格的国际象棋棋盘。部分运行结果如下：

```
可行解 1:
Q a a a a a a a
× × × × Q a a a
× × × × × × Q
× × × × × Q ×
× × Q × × × × ×
× × × × × × Q ×
× Q × × × × × ×
× × × Q × × × ×
可行解 2:
Q a a a a a a a
× × × × × Q a a
× × × × × × × Q
× × Q × × × × ×
× × × × × Q × ×
× × × Q × × × ×
× Q × × × × × ×
× × × × Q × × ×
```

3.2.6　模拟服务台前的排队问题

【问题描述】

某银行有一个客户办理业务站，在单位时间内随机地有客户到达，设每位客户的业务办理时间是某个范围内的随机值。设只有一个窗口，一位业务人员，要求编写程序模拟统计在设定时间内，业务人员的总空闲时间和客户的平均等待时间。

【数据结构】

本设计使用链队列实现。

【算法设计】

程序中设计了两个函数：

➢ 函数 EnQueue()用来实现客户入队操作；

➢ 函数 DeQueue()用来实现客户出队操作。

假定模拟数据已按客户到达的先后顺序依次存于某个正文数据文件中，对应每位客户有两个数据——到达时间和需要办理业务的时间。设数据装在一个数据文件 data.dat 中，内容为 10、6、13、8。程序中利用链队列来存储客户的信息。从队头进行出队列，由此进行客户业务的处理。

在计算程序中，程序按模拟环境中的事件出现顺序逐一处理事件：当一个事件结束时，下一个事件隔一段时间才发生，则程序逻辑的模拟时钟立即推进到下一事件的发生时间；如一个事件还未处理结束之前另有其他事件等待处理，则这些事件应依次排队等候处理。

算法的设计思路用伪代码给出如下：

```
{  设置统计初值；
   设置当前时钟时间为 0；
   打开数据文件，准备读；
   读入第一位客户信息于暂存变量中；
   do
   {  /*约定每轮循环，处理完一位客户*/
      if(等待队列为空，并且还有客户)
      {  /*等待队列为空时*/
         累计业务员总等待时间；
         时钟推进到暂存变量中的客户的到达时间；
         暂存变量中的客户信息进队；
         读取下一位客户信息于暂存变量中；
      }
      累计客户人数；
      从等待队列出队一位客户；
      将该客户的等待时间累计到客户的总等待时间；
      设定当前客户的业务办理结束时间；
      while(下一位客户的到达时间在当前客户处理结束之前)
      {  暂存变量中的客户信息进队；
```

读取下一位客户信息于暂存变量中；

　　　　　　}

　　　　　　时钟推进到当前客户办理结束时间；

　　　　}while(还有未处理的客户)；

　　　　计算统计结果，并输出；

　　}

【程序实现】

```
#include<stdio.h>
#include<stdlib.h>
#include<conio.h>
#define OVERFLOW -2
typedef struct{
    int arrive;
    int treat;                    /*客户的信息结构*/
}QNODE;
typedef struct node
{
    QNODE data;
    struct node *next;            /*队列中的元素信息*/
} LNODE;
LNODE *front, *rear;             /* 队头指针和队尾指针*/
QNODE curr, temp;
char Fname[120];
FILE *fp;
void EnQueue(LNODE **hpt, LNODE **tpt, QNODE e)
{  /*队列进队*/
    LNODE *p=(LNODE *)malloc(sizeof(LNODE));
    if(!p) exit(OVERFLOW);    /*存储分配失败*/
        p->data=e;
        p->next=NULL;
    if(*hpt==NULL) *tpt=*hpt=p;
    else *tpt=(*tpt)->next=p;
}
int DeQueue(LNODE **hpt, LNODE **tpt, QNODE *cp)
{   /*链接队列出队*/
    LNODE *p=*hpt;
    if(*hpt==NULL) return 1;   /*队空*/
        *cp=(*hpt)->data;
        *hpt=(*hpt)->next;
    if(*hpt==NULL) *tpt=NULL;
```

```
            free(p);
            return 0;
    }
    void main()
    {   int dwait=0, clock=0, wait=0, count=0, have=0, finish;
        printf("\n 输入文件名:");
        scanf("%s", Fname);     /*输入装载客户模拟数据的文件的文件名*/
        if((fp=fopen(Fname, "r"))==NULL)
        {   /*打开数据文件*/
            printf("cannot open file %s", Fname);
            return;
        }
        front=NULL; rear=NULL;
        have=fscanf(fp, "%d%s", &temp.arrive, &temp.treat);
        do
        {   /*约定每轮循环，处理一位客户*/
            if(front==NULL && have==2)
            {   /*等待队列为空，但还有客户*/
                dwait+=temp.arrive-clock;           /*累计业务员总等待时间*/
                clock=temp.arrive;     /*时钟推进到暂存变量中的客户的到达时间*/
                EnQueue(&front, &rear, temp);           /* 暂存变量中的客户信息进队*/
                have=fscanf(fp, "%d%d", &temp.arrive, &temp.treat);
            }
            count++;                         /*累计客户人数*/
            DeQueue(&front, &rear, &curr);       /*出队一位客户信息*/
            wait+=clock-curr.arrive;         /*累计到客户的总等待时间*/
            finish=clock+curr.treat;             /*设定业务办理结束时间*/
            while(have==2 && temp.arrive<=finish)
            {   /*下一位客户的到达时间在当前客户处理结束之前*/
                EnQueue(&front, &rear, temp);    /*暂存变量中的客户信息进队*/
                have=fscanf(fp, "%d%d", &temp.arrive, &temp.treat);
            }
            clock=finish;   /*时钟推进到当前客户办理结束时间*/
        }while(have==2 || front!=NULL);
        printf(" 结果：业务员等待时间%d\n 客户平均等待时间%f\n", dwait, (double)wait/count);
        printf(" 模拟总时间：%d, \n 客户人数：%d, \n 总等待时间：%d\n", clock, count, wait);
        getch();
    }
```

【运行与测试】

运行如下：

```
输入文件名:data.dat
结果:业务员等待时间10
客户平均等待时间25.500000
模拟总时间: 72,
客户人数: 2,
总等待时间: 51
```

3.3　实　验　题

（1）假设一个算术表达式中包含圆括号、方括号或花括号，括号对之间允许嵌套但不允许交叉，编写一个算法并上机实现：判断输入的表达式是否正确配对。括号配对正确，返回 OK，否则返回 ERROR。

【提示】　此题使用数据结构顺序栈来实现。解决的关键在于对各种括号符号的处理。程序中可以使用一个运算符栈，逐个读入字符，当遇到"("、"["或"{"时入栈，当遇到")"、"]"或"}"时判断栈顶指针是否为匹配的括号，若不是则括号不匹配，算法结束；若是则退栈，继续读取下一个字符，直到所有字符读完为止；若栈是空栈，则说明括号是匹配的，否则括号不匹配。

（2）对一个合法的中缀表达式求值。简单起见，假设表达式只包含 +、−、×、÷ 四个双目运算符，且运算符本身不具有二义性，操作数均为一位整数。输出计算结果。

【提示】　对中缀表达式求值，通常使用"算符优先算法"。为实现算法，可以使用两个工作栈：一个栈 operator 存放运算符；另一个栈 operand 存放操作数。中缀表达式可以用一个字符串数组存储。算法实现时依次读入表达式中的每个字符，若是操作数则直接进入操作数栈 operand；若是运算符，则与运算符栈 operator 的栈顶运算符进行优先权比较，并做如下处理：

① 若栈顶运算符的优先级低于刚读入的运算符，则让刚读入的运算符进 operator 栈；

② 若栈顶运算符的优先级高于刚读入的运算符，则将栈顶运算符退栈，同时将操作数栈 operand 退栈两次，得到两个操作数与运算符并进行运算，将运算结果作为中间结果推入 operand 栈；

③ 若栈顶运算符的优先级与刚读入的运算符的优先级相同，说明左右括号相遇，只需将栈顶运算符(左括号)退栈即可。

（3）背包问题。假设有一个背包可装入总重量为 T 的物件。现在 n 个物件，其重量分别为 $w_1, w_2, \cdots, w_n$，问能否从这 n 个物件中选择若干件放入背包，使它们的重量之和恰为 T。若能找到满足上述条件的一组解，则称此问题有解，否则称此问题无解。

【提示】　此题有两种解法，可用递归算法或非递归算法实现。

可以采用这样的选取方法：n 个物件中选取一个 w_i，剩下的重量为 $S = T - w_i$，判断 S 的值。若 S = 0，则已找到一种解，完成；若 S < 0，则此种解法造成问题无解，于是不选刚才的物件，重选未选取的物件，重新操作；若 S > 0，并且还有未选取的物件，则再选取下一个未选取的物件，并按前面的方法继续执行。

对于递归算法，若函数 bb(s, n) 为背包问题的解法，则不包含物件 w_n 时，bb(s, n) 的解是 bb(s, n−1)，即重量(指背包中余下的重量)不变，选下一个物件；若选取物件中包含物件

w_n，则 bb(s, n)的解是 bb(s−wn, n−1)，即重量减少，再去选取下一物件。

对于非递归算法，需建一堆栈空间，从第一个物件起，选中的就进栈保存，未选中的就跳过，再选下一个合适的物件进栈，直到使 S 为零，并输出堆栈中的结果，否则输出无解。

(4) 操作系统作业调度模拟。

【提示】 假设有几个作业在运行。如果都需要请求 CPU，则可以让作业按先后顺序排队，每当 CPU 处理完一个作业后，就可以接受新的作业，这时队列中队头的作业先退出进行处理，后来的作业排在队尾。此题算法跟模拟服务台前的排队问题相似，假定只有一个 CPU，但为了防止一个作业占用 CPU 太久，可规定每个作业一次最长占用 CPU 的时间(称时间片)，如果时间片到，作业未完成，则此作业重新进入等待队列，等到下次占有 CPU 时继续处理。

(5) 迷宫问题。设有一只无盖大箱，箱中设置一些隔壁，形成一些曲曲弯弯的通道，做为迷宫。箱子设有一个入口和出口。实验时，在出口处放一些奶酪之类的可以吸引老鼠的食物，然后将一只老鼠放到入口处，这样，老鼠受到美味的吸引，向出口处走。心理学家就观察老鼠如何由入口到达出口。假定老鼠具有稳定的记忆力，能记住以前走过的失败路径。

【提示】 迷宫问题的求解过程可以采用回溯法，即在一定的约束条件下试探地搜索前进，若前进中受阻，则及时回头纠正错误，另择通路继续搜索。从入口出发，按某一方向向前探索，若能走通(未走过的)，即某处可达，则到达新点，否则试探下一方向；若所有的方向均没有通路，则沿原路返回前一点，换下一个方向再继续试探，直到所有可能的通路都探索到，或找到一条通路，或无路可走又返回到入口点。

程序中可用二维数组表示二维迷宫中各个点是否有通路，设迷宫为 m 行 n 列，利用 maze[m][n]来表示一个迷宫，maze[i][j] = 0 或 1；其中 0 表示通路，1 表示不通。当从某点向下试探时，中间点有 8 个方向可以试探，如实验图 3.2 所示。四个角点有 3 个方向，其它边缘点有 5 个方向。为使问题简单化我们用 maze[m+2][n+2]来表示迷宫，而迷宫四周的值全部为 1。这样做使问题简单了，每个点的试探方向全部为 8，不用再判断当前点的试探方向有几个，同时与迷宫周围是墙壁这一实际问题也相一致。

入口(1,1)

	0	1	2	3	4	5	6	7	8	9
0	1	1	1	1	1	1	1	1	1	1
1	1	0	1	1	1	0	1	1	1	1
2	1	1	0	1	0	1	1	1	1	1
3	1	0	1	0	0	0	0	0	1	1
4	1	0	1	1	1	0	1	1	1	1
5	1	1	0	0	1	1	0	0	0	1
6	1	0	1	1	1	1	1	1	0	1
7	1	1	1	1	1	1	1	1	1	1

出口(6,8)

实验图 3.2 用 maze[m+2][n+2]表示迷宫

第四章　串、数组及其应用

4.1　实　验　目　的

　　大多数高级语言中都提供了字符串变量并实现了串的基本操作，但在实际应用中，字符串往往具有不同的特点，要实现字符串的处理，就必须根据具体情况设计合适的存储结构。本章实验的主要目的是熟悉串类型的实现方法和文本模式的匹配方法，这是灵活运用串的基础；数组是一种基本的数据结构，科学计算中的矩阵在程序设计语言中是采用二维数组实现的。通过本章的实验，可以巩固对特殊矩阵的压缩存储方法的理解和应用；掌握稀疏矩阵三元组表和十字链表上基本运算的实现；理解数组在实际问题中的应用。

4.2　实　验　指　导

　　串的存储实现有定长顺序串、堆串、链串和块链串。实验内容围绕不同存储结构下串的基本操作和模式匹配算法展开。

　　数组和广义表可以看做其元素本身也是自身结构(递归结构)的线性表。广义表本质上是一种层次结构。实验内容围绕稀疏矩阵的操作和矩阵的应用展开。

4.2.1　串基本操作的实现

【问题描述】

　　已知串 S 和 T，编写程序实现串的建立、求串长以及删除串等基本操作。要求以顺序串作为存储结构来实现。

【数据结构】

　　本设计使用串的顺序存储结构实现。

【算法设计】

　　串是一种特殊的线性表，串中的数据元素只能是字符，串的存储方式有顺序存储、堆存储结构及块链存储。本程序采用顺序存储结构来实现串的基本操作。程序中设计了五个函数：

> ➤ 函数 SStringCreate()用来建立一个顺序串；
> ➤ 函数 SStringPrint()用来实现输出串值；
> ➤ 函数 SStringIsEmpty()用来实现串的判空操作；

➤ 函数 SStringLength()用来实现求串长操作；

➤ 函数 SStringDelete()用来实现删除子串操作。

主函数给出用户界面，可以根据不同操作进行选择。请读者考虑实现串复制、串比较、串连接的操作。

顺序串的存储结构如下：

```
typedef struct
{
    DataType data[MAXNUM];
    int len;
}SString;
```

【程序实现】

```
#include<stdio.h>
typedef char DataType;
#define MAXNUM 20
#define ERROR 0
#define OK 1
#define FALSE 0
#define TRUE 1
typedef struct
{
    DataType data[MAXNUM];
    int len;
}SString;
/*建立串*/
void SStringCreate(SString *s)
{
    int i, j;
    char c;
    printf("请输入要建立的串的长度：");
    scanf("%d", &j);
    for (i=0; i<j; i++)
    {
        printf("请输入串的第%d 个字符：", i+1);
        fflush(stdin);
        scanf("%c", &c);
        s->data[i]=c;
    }
    s->data[i]='\0';
```

```
    s->len=j;
}
/*输出串*/
void SStringPrint(SString*s)
{
    int i;
    for(i=0; i<s->len; i++)
        printf("%c", s->data[i]);
    printf("\n");
}
/*判断顺序串是否为空，若串 s 为空则返回 1，否则返回 0*/
int SStringIsEmpty(SString*s)
{
    if(s->len==0)
        return TRUE;
    else
        return FALSE;
}
/*求顺序串长度*/
int SStringLength(SString*s)
{
    return(s->len);
}
/*求子串*/
int SStringDelete(SString*s, int pos, int len)
{
    int i;
    if(pos<0||pos>(s->len-len))     /*删除参数不合法*/
        return ERROR;
    for(i=pos+len; i<s->len; i++)
        s->data[i-len]=s->data[i];
    /*从 pos+len 字符至串尾依次向前移动，实现删除 len 个字符*/
    s->len=s->len-len;     /*s 串长减 len，修改串长*/
    return OK;
}
int main(int argc, char*argv[])
{
    SString s;
```

```
int choice, begin, end;
printf("\t 请选择操作(1-5)：\n");
printf("\t1、建立串\n");
printf("\t2、输出串\n");
printf("\t3、求串长度\n");
printf("\t4、删除部分字符串\n");
printf("\t5、退出\n");
while(TRUE)
{
    printf("\t 请重新选择操作(1-5)：\n");
    scanf("%d", &choice);
    switch(choice)
    {
        case 1:
            SStringCreate(&s);
            break;
        case 2:
            SStringPrint(&s);
            break;
        case 3:
            printf("串的长度是：");
            printf("%d\n", SStringLength(&s));
            break;
        case 4:
            printf("请输入删除字符串的起始位置：");
            scanf("%d", &begin);
            printf("请输入删除字符串的长度：");
            scanf("%d", &end);
            SStringDelete(&s, begin, end);
            printf("新串为：");
            SStringPrint(&s);
            break;
        case 5:return 0;
    }
}
return 0;
}
```

【运行与测试】

运行如下：

```
        请选择操作<1-5>:
        1、建立串
        2、输出串
        3、求串长度
        4、删除部分字符串
        5、退出
        请重新选择操作<1-5>:
1
请输入要建立的串的长度: 5
请输入串的第1个字符: h
请输入串的第2个字符: e
请输入串的第3个字符: l
请输入串的第4个字符: l
请输入串的第5个字符: o
        请重新选择操作<1-5>:
2
hello
        请重新选择操作<1-5>:
3
串的长度是: 5
        请重新选择操作<1-5>:
4
请输入删除字符串的起始位置: 2
请输入删除字符串的长度: 3
新串为: he
        请重新选择操作<1-5>:
5
Press any key to continue
```

4.2.2 用三元组表实现稀疏矩阵的基本操作

【问题描述】

编写程序用三元组表实现稀疏矩阵的按列转置操作。

【数据结构】

本设计使用三元组表实现。

【算法设计】

程序中设计了三个函数：

➤ 函数 InitSPNode()用来建立一个稀疏矩阵的三元组表。

首先输入行数、列数和非零元的值，输入(−1，−1，−1)结束输入。

➤ 函数 showMatrix()用来输出稀疏矩阵。

算法中按矩阵 a 的列进行循环处理，对 a 的每一列扫描三元组，找出相应的元素，若找到，则交换其行号与列号，并存储到矩阵 b 的三元组中。

➤ 函数 TransposeSMatrix()用来完成稀疏矩阵的转置算法。

算法主要的工作是在 p 和 col 的两重循环中完成，时间复杂度为 O(n*t)。如果非零元素个数 t 和 m*n 同数量级，则算法的时间复杂度变为 O(m*n²)。

【程序实现】

```
#include <stdio.h>
#include <string.h>
```

```
#define Ok 1
#define Maxsize 10      /*用户自定义三元组最大长度*/
typedef struct          /*定义三元组表*/
{
    int i, j;
    int v;
}SPNode;
typedef struct    /*定义三元组表*/
{
    SPNode data[Maxsize];
    int m, n, t;      /*矩阵行、列及三元组表长度*/
} SPMatrix;
void InitSPNode ( SPMatrix *a) /*输入三元组表*/
{
    int i, j, k, val, maxrow, maxcol;
    maxrow=0;
    maxcol=0;
    i=j=0;
    k=0;
    while(i!=-1&&j!=-1)    /*rol=-1&&col=-1 结束输入*/
    {
        printf(" 输入(行 列 值): ");
        scanf(" %d %d %d", &i, &j, &val);
        a->data[k].i=i;
        a->data[k].j=j;
        a->data[k].v=val;
        if (maxrow<i) maxrow=i;
        if (maxcol<j) maxcol=j;
        k++;
    }
    a->m=maxrow; a->n=maxcol; a->t=k-1;
}
void showMatrix(SPMatrix *a)   /*输出稀疏矩阵*/
{
    int p, q;
    int t=0;
    for(p=0; p<=a->m; p++)
    {   for(q=0; q<=a->n; q++)
        {   if (a->data[t].i==p&&a->data[t].j==q)
```

```
          {   printf(" %d    ", a->data[t].v);
               t++;
          }
          else printf(" 0    ");
       }
       printf("\n"   );
    }
}
void TransposeSMatrix(SPMatrix *a, SPMatrix *b)    /*稀疏矩阵转置*/
{
    int q, col, p;
    b->m=a->n; b->n=a->m; b->t=a->t;
    if(b->t)
    {
        q=0;
        for(col=1; col<=a->n; ++col)       /*按 a 的列序转置*/
           for(p=0; p<a->t; ++p)           /*扫描整个三元组表*/
              if(a->data[p].j==col)
              {
                    b->data[q].i=a->data[p].j;
                    b->data[q].j=a->data[p].i;
                    b->data[q].v=a->data[p].v;
                    ++q;
              }
        }
    }
}
void main( void)
{
    SPMatrix a, b;
    printf("\n 结束请输入(-1 -1 -1)\n"   );
    InitSPNode(&a);
    printf(" 输入矩阵为： \n"   );
    showMatrix(&a);  /*转置前*/
    TransposeSMatrix(&a, &b);
    printf(" 输出矩阵为： \n"   );
    showMatrix(&b);  /*转置后*/
}
```

【运行与测试】

　　运行如下：

```
结束请输入(-1 -1 -1)
输入(行 列 值): 0 0 1
输入(行 列 值): 0 1 2
输入(行 列 值): 1 0 4
输入(行 列 值): 1 1 3
输入(行 列 值): 1 3 7
输入(行 列 值): 2 3 8
输入(行 列 值): -1 -1 -1
输入矩阵为:
1  2  0  0
4  3  0  7
0  0  0  8
输出矩阵为:
0  0  0
2  3  0
0  0  0
0  7  8
```

4.2.3 KMP 算法的实现

【问题描述】

求一个字符串在另一个字符串中第一次出现的位置。要求：利用键盘输入两个字符串，一个设定为主串，另一个设定为子串，对这两个字符串应用 KMP 算法，求出子串在主串中第一次出现的位置。

【数据结构】

本设计使用串的顺序存储结构来实现。

【算法设计】

程序中设计了两个函数：

➢ 函数 GetNext()用来求 next 值。

求模式串 t 的 next 函数值并存放在数组 next 中。

➢ 函数 IndexKmp()用来实现模式匹配算法。

子串中的每个字符依次和主串中的一个连续的字符序列相等，则称为匹配成功，反之称为匹配不成功。程序中函数 GetNext()是求出模式串 t 的 next 函数值并存入数组 next 中，函数 IndexKmp()为模式匹配函数，是利用模式串的 next 函数求 t 在主串 s 中第 pos 个字符之前的位置。

当某个位置匹配不成功的时候，应该从子串的下一个位置开始新的比较。将这个位置的值存放在 next 数组中，其中 next 数组中的元素满足条件 next[j] = k，表示当子串中的第 j+1 个字符发生匹配不成功的情况下，应该从子串的第 k+1 个字符开始新的匹配。如果已经得到了 next 数组，匹配可如下进行：

(1) 将指针 i、j 分别指向主串 s 和模式串 t 中的比较字符，初值 i = pos、j = 1；

(2) 如果 $s_i = t_j$，则 ++i、++j 顺次比较后面的字符；

(3) 如 $s_i <> t_j$，则指针 i 不动，指针 j 退到 next[j]位置再比较。

然后指针 i 和指针 j 所指向的字符按此种方法继续比较，直到 j = m−1，即在主串 s 中找到模式串 t 为止。

next 函数的编写是整个算法的核心。这里利用递推思想来设计 next 函数。

(1) 令 next[0] = –1(next[j] = –1 时，证明字符串匹配要从模式串的第 0 个字符开始，且第 0 个字符并不和主串的第 i 个字符相等，i 指针向前移动)。

(2) 假设 next[j] = k，说明 T[0~k–1] = T[j–k~j–1]。

(3) 现在求 next[j+1]。

① 当 T[j] = T[k]时，说明 T[0~k] = T[j–k~j]，这时分两种情况讨论：

a：当 T[j+1]! = T[k+1]时，显然 next[j+1] = k+1；

b：当 T[j+1] = T[k+1]时，说明 T[k+1]和 T[j+1]一样，都不和主串的字符相匹配，因此 m = k+1，j = next[m]，直到 T[m]! = T[j+1]，next[j+1] = m。

② 当 T[j]! = T[k]时，必须在 T[0~k–1]中找到 next[j+1]。这时 k = next[k]，直到 T[j] = T[k]，next[j+1] = next[k]。这样就通过递推思想求得了匹配串 T 的 next 函数。

【程序实现】

```
#include<stdio.h>
#include <string.h>
#define MAXNUM 100
typedef char DataType;
typedef struct{
    DataType data[MAXNUM];
    int len;
}SString;
/*求模式串 t 的 next 函数值并存入数组 next*/
void GetNext(DataType *t, int *next, int tlength)
{
    int i=1, j=0;
    next[1]=0;
    while(i<tlength)
    {
        if(j==0||t[i]==t[j])
        {
            ++i;
            ++j;
            next[i]=j;
        }
        else
            j=next[j];
    }
}
/*利用模式串 t 的 next 函数求 t 在主串 s 中第 pos 个字符之后的位置*/
int IndexKmp(DataType *s, DataType *t, int pos, int tlength, int slength, int *next)
{
    int i=pos, j=1;
```

```
        while(i<=slength&&j<=tlength)
        {
            if(j==0||s[i]==t[j])        /*继续比较后继字符*/
            {
                ++i;
                ++j;
            }
            else                        /*模式串向后移动*/
                j=next[j];
        }
        if(j>tlength)                   /*匹配成功，返回匹配起始位置*/
            return i-tlength;
        else
            return 0;
    }
    int main()
    {
        int locate, tlength, slength, next[256];
        DataType s[256], t[256];
        printf("请输入第一个串(母串)：");
        slength=strlen(gets(s+1));
        printf("请输入第二个串(子串)：");
        tlength=strlen(gets(t+1));
        GetNext(t, next, tlength);
        locate=IndexKmp(s, t, 0, tlength, slength, next);
        printf("匹配位置：%d\n", locate);
        return 0;
    }
```

【运行与测试】

运行如下：

```
请输入第一个串(母串)：datastructure
请输入第二个串(子串)：structure
匹配位置：5
```

4.2.4　输出魔方阵

【问题描述】

魔方阵是一个古老的智力问题，它要求在一个 m×m 的矩阵中填入 $1 \sim m^2$ 的数字(m 为奇数)，使得每一行、每一列、每一条对角线的累加和都相等，如实验图 4.1 所示。实现魔方阵并输出。

15	8	1	24	17
16	14	7	5	23
22	20	13	6	4
3	21	19	12	10
9	2	25	18	11

6	1	8
7	5	3
2	9	4

(a) 三阶魔方图   (b) 五阶魔方图

实验图 4.1   魔方阵示意图

【数据结构】

本设计使用二维数组存储实现。

【算法设计】

程序中设计了三个函数:

➢ 函数 MagicSquare()用来生成一个魔方阵;

➢ 函数 MagicSquareInit()用来完成二维数组的初始化,将每个元素的值置为 0;

➢ 函数 MagicSquarePrint()用来实现魔方阵的输出。

解魔方阵问题的方法很多,这里采用如下规则生成魔方阵。

(1) 由 1 开始填数,将 1 放在第 0 行的中间位置。

(2) 将魔方阵想象成上下、左右相接,每次往左上角走一步,会有下列情况:

① 左上角超出上方边界,则在最下边相对应的位置填入下一个数字;

② 左上角超出左边边界,则在最右边相对应的位置填入下一个数字;

③ 如果按上述方法找到的位置已填入数据,则在同一列下一行填入下一个数字。

以 3×3 魔方阵为例,说明其填数过程,如实验图 4.2 所示。

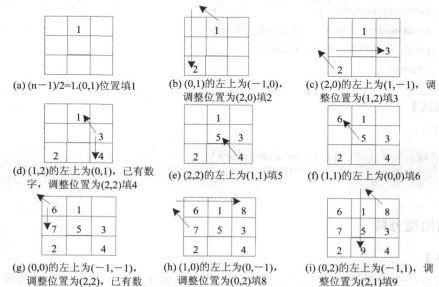

(a) (n−1)/2=1.(0,1)位置填1

(b) (0,1)的左上为(−1,0),调整位置为(2,0)填2

(c) (2,0)的左上为(1,−1),调整位置为(1,2)填3

(d) (1,2)的左上为(0,1),已有数字,调整位置为(2,2)填4

(e) (2,2)的左上为(1,1)填5

(f) (1,1)的左上为(0,0)填6

(g) (0,0)的左上为(−1,−1),调整位置为(2,2),已有数字,调整位置为(1,0)填7

(h) (1,0)的左上为(0,−1),调整位置为(0,2)填8

(i) (0,2)的左上为(−1,1),调整位置为(2,1)填9

实验图 4.2   三阶魔方阵的生成过程

由上述填数过程可知，某一位置(x，y)的左上角的位置是(x−1，y−1)。如果 x−1≥0，不用调整，否则将其调整为(x−1+m)；同理，如果 y−1≥0，不用调整，否则将其调整为(y−1+m)。所以，位置(x，y)的左上角的位置可以用求模的方法获得，即 x=(x−1+m)%m，y=(y−1+m)%m。

　　如果所求的位置已经有数据了，将该数据填入同一列下一行的位置。这里需要注意，此时的 x 和 y 已经变成之前的上一行上一列了，如果想变回之前位置的下一行同一列，x 需要跨越两行，y 需要跨越一列，即 x=(x+2)%m，y=(y+1)%m。

【程序实现】

```c
#include <stdio.h>
/*生成魔方阵*/
void MagicSquare(int a[20][20], int m)
{
    int x, y, i;
    i=1;
    x=0;          /*设置起始位置为第一行中间列*/
    y=m/2;
    a[x][y]=i;    /*在起始位置添加 1*/
    for(i=2; i<=m*m; i++)
    {
        x=(x-1+m)%m;      /*求左上角位置的行号*/
        y=(y-1+m)%m;      /*求左上角位置的列号*/
        if(a[x][y]>0)     /*如果当前位置有数，则添入当前列的下一行*/
        {
            x=(x+2)%m;
            /*此时的 x 和 y 已经变成之前的上一行上一列了*/
            /*如果想变回之前位置的下一列，x 需要跨越两行，y 需要跨越一列*/
            y=(y+1)%m;
        }
        a[x][y]=i;
    }
}
/*将二维数组每个数组元素的值都设为 0*/
void MagicSquareInit(int a[20][20], int m)
{
    int i, j;
    for(i=0; i<m; i++)
        for(j=0; j<m; j++)
            a[i][j]=0;
}
/*输出魔方阵*/
```

```
    void MagicSquarePrint(int a[20][20], int m)
    {
        int i, j;
        for(i=0; i<m; i++)
        {
            for(j=0; j<m; j++)
                printf("%5d", a[i][j]);
            printf("\n");
        }
    }
    int main(int argc, char*argv[])
    {
        int ms[20][20];
        int t=1;
        int m;
        while(t)
        {
            printf("\n 请输入要生成魔方阵的阶数 M(要求 0<M<20，并且 M 为奇数)!\n");
            scanf("%d", &m);
            if(m<=0||m>20)
                printf(" 魔方阵的阶数 M 应该大于 0 并且小于 20!\n");
            else if(m%2==0)
                printf(" 魔方阵的阶数 M 应该为奇数!\n");
            else
                t=0;
        }
        MagicSquareInit(ms, m);
        MagicSquare(ms, m);
        printf(" 输出魔方阵为：\n");
        MagicSquarePrint(ms, m);
        return 0;
    }
```

【运行与测试】

运行如下：

```
请输入要生成魔方阵的阶数M(要求0<M<20，并且M为奇数)!
7
输出魔方阵为：
    28    19    10     1    48    39    30
    29    27    18     9     7    47    38
    37    35    26    17     8     6    46
    45    36    34    25    16    14     5
     4    44    42    33    24    15    13
    12     3    43    41    32    23    21
    20    11     2    49    40    31    22
```

4.3　实　验　题

(1) 文本串加密算法的实现。试写一算法，将输入的文本串进行加密后输出；另写一算法，将输入的已加密的文本串进行解密后输出。

【提示】　可用事先给定的字母映射表对一个文本串进行加密。例如设字母映射表为：

Original: a b c d e f g h i j k l m n o p q r s t u v w x y z
Cipher:　j g w q k c o b m u h e l t p s a z x y f i v r d n

则字符串"encrypt"被加密为"ktwzdsy"。

加密算法可以用两个串中字符的一一对应关系来实现，当输入一个字符时，由算法在 Original 中查找其位置，然后用串 Cipher 中相应位置的字符去替换原来的字符就可以了。解密算法则恰恰相反。

(2) 假设稀疏矩阵 A 的大小是 m×n，稀疏矩阵 B 的大小是 n×1(一维向量)，A 和 B 均采用三元组表示，编程实现 C = A×B，其结果 C 也采用三元组表形式输出。

【提示】　本题的关键是要确定 i 行 j 列的元素在三元组表中的位置，由于 B 是一个一维向量，在用三元组表进行矩阵相乘时并不方便，所以可以先将 B 做转置存放后，一遍扫描 A 就可以实现乘法。

(3) 如果矩阵 A 中存在这样的一个元素 A[i][j]，且满足以下条件：A[i][j]是第 i 行中值最小的元素，且又是第 j 列中值最大的元素，则称 A[i][j]为矩阵 A 的一个鞍点；假设稀疏矩阵 A(大小是 m×n)已经用三元组表存放，编程实现求鞍点的算法，如果没有鞍点，也给出相应信息。

【提示】　如果 A 采用二维数组存放，本题的解法是很容易的，只需要求出每行的最小元素，放入 min[0..m−1]中，再求出每列的最大元素，放入 max[0..n−1]中，如果某元素 A[i][j]既在 min[i]中又在 max[j]中，则 A[i][j]必是鞍点。

(4) 文学研究助手。文学研究人员需要统计某篇英文小说中某些形容词的出现次数和位置。试写一个实现这一目标的文字统计系统，称为"文学研究助手"。

【提示】　英文小说存于一个文本文件中。待统计的词汇集合要一次输入完毕，即统计工作必须在程序的一次运行之后就全部完成。程序的输出结果是每个词的出现次数和出现位置所在行的行号。小说中词汇一律不跨行。这样，每读入一行，就统计每个词在这一行中出现的次数。词汇出现位置所在行的行号可以用链表存储。若某词在某行中出现了不止一次，则不必存多个相同的行号。

第五章　树、图及其应用

5.1　实　验　目　的

　　树是以分支关系定义的层次结构。它不仅在现实生活中广泛存在，如社会组织机构，而且在计算机领域也得到了广泛的应用，如 Windows 操作系统中的文件管理、数据库系统中的树形结构等。在图结构中，数据元素之间的关系是多对多的，不存在明显的线性或层次关系。图中每个数据元素可以和图中其他任意个数据元素相关。在计算机领域，如逻辑设计、人工智能、形式语言、操作系统、编译原理以及信息检索等，图都起着重要的作用。本章结合树、图的具体应用，培养学生在实际问题中应用这两种非线性结构解决实际问题的能力。

5.2　实　验　指　导

　　树和图是两种非常重要的非线性数据结构，树中结点之间具有明确的层次关系，并且结点之间有分支。图是一种复杂的表达能力很强的数据结构，很多问题都可以用图来表示。

　　二叉树是一种重要的树形结构，其存储结构有：顺序存储结构(适合存储完全二叉树)、二叉链表存储结构、三叉链表存储结构，其中二叉链表是核心。其遍历方法有：先序遍历、中序遍历、后序遍历及其层次遍历。其应用有哈夫曼编码的设计。

　　树的存储结构有双亲表示法、孩子表示法、孩子-兄弟表示法。其遍历方法有：先序遍历、后序遍历。

　　图可以采用邻接矩阵、邻接表存储形式，也可用十字链表和邻接多重表形式存储。其遍历方式有：深度优先遍历、广度优先遍历。其应用有：图的连通性问题(最小生成树)、最短路径、拓扑排序、关键路径。

　　根据这两种非线性结构的特点，因为遍历操作是其他众多操作的基础，因此本次实验的内容集中在遍历操作上以及树、图的实际应用上。

5.2.1　二叉树的基本运算实现

【问题描述】

　　二叉树采用二叉链表作存储结构，实现二叉树的如下基本操作：

(1) 按先序序列构造一棵二叉链表表示的二叉树 T；

(2) 对这棵二叉树进行先序和层次遍历序列，分别输出结点的遍历序列；

(3) 求二叉树的深度。

【数据结构】

本设计使用二叉链表实现。

【算法设计】

程序中设计了四个函数：

➢ 函数 CreateBiTree()用来实现利用先序的方式创建二叉树。

利用"扩展先序遍历序列"建立二叉链表，用#表示子树为空。

➢ 函数 PreOrder()用来实现先序遍历的递归算法遍历输出二叉树。

➢ 函数 LevelOrder()用来实现层次遍历输出二叉树，程序中借助队列来实现层次遍历算法。

➢ 函数 depth()利用递归算法求二叉树的深度。

建立二叉树的二叉链表存储结构如下：

```
typedef struct BiTNode{
    TElemType      data;
    Struct BiTNode  * lchild, * rchild;  /*左右孩子指针*/
}BiTNode, * BiTree;
```

【程序实现】

```
#include <stdio.h>
#include <stdlib.h>
#define MAX 20
typedef   char TElemType;
typedef   int Status;
typedef struct BiTNode{
    TElemType data;
    struct BiTNode *lchild, *rchild;
}BiTNode, *BiTree;
/*先序创建二叉树*/
void CreateBiTree(BiTree *T)
{
    char ch;
    ch=getchar();
    if (ch=='#') (*T)=NULL;          /*#代表空指针*/
        else
        {
            (*T)=(BiTree) malloc(sizeof(BiTNode));    /*申请结点*/
            (*T)->data=ch;                           /*生成根结点*/
```

```
        CreateBiTree(&(*T)->lchild) ;           /*构造左子树*/
        CreateBiTree(&(*T)->rchild) ;           /*构造右子树*/
    }
}
/*先序输出二叉树*/
void PreOrder(BiTree T)
{
    if (T)
    {   printf("%2c", T->data);        /*访问根结点, 此处简化为输出根结点的数据值*/
        PreOrder(T->lchild);           /*先序遍历左子树*/
        PreOrder(T->rchild);           /*先序遍历右子树*/
    }
}
/*层次遍历二叉树 T, 从第一层开始, 每层从左到右遍历*/
void LevelOrder(BiTree T)
{
    BiTree Queue[MAX], b;   /*用一维数组表示队列, front 和 rear 分别表示队首和队尾指针*/
    int front, rear;
    front=rear=0;
    if (T) /*若树非空*/
    {
        Queue[rear++]=T;        /*根结点入队列*/
        while (front!=rear)         /*当队列非空*/
        {
            b=Queue[front++];       /*队首元素出队列, 并访问这个结点*/
            printf("%2c", b->data);
            if (b->lchild!=NULL) Queue[rear++]=b->lchild; /*左子树非空, 则入队列*/
            if (b->rchild!=NULL) Queue[rear++]=b->rchild; /*右子树非空, 则入队列*/
        }
    }
}
/*求二叉树的深度*/
int depth(BiTree T)
{
    int dep1, dep2;
    if (T==NULL) return 0;
      else {
            dep1=depth(T->lchild);
            dep2=depth(T->rchild);
```

```
        return dep1>dep2?dep1+1:dep2+1;

      }

    }

    void main()

    {

        BiTree T=NULL;

        printf(" \n 创建一棵二叉树：\n");

        CreateBiTree(&T);    /*建立一棵二叉树 T*/

        printf("\n 先序遍历结果为：\n");

        PreOrder(T);          /*先序遍历二叉树*/

        printf("\n 层次遍历结果为：\n");

        LevelOrder(T);        /*层次遍历二叉树*/

        printf("\n 树的深度为：%d\n", depth(T));

    }
```

【运行与测试】

运行如下：

```
创建一棵二叉树：
ABC##DE##F##G##

先序遍历结果为：
A B C D E F G
层次遍历结果为：
A B G C D E F
树的深度为：4
```

输入 ABC##DE##F##G## 创建的二叉树如实验图 5.1 所示。

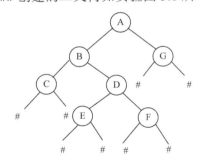

实验图 5.1 创建的一棵二叉树

```
创建一棵二叉树：
ABC##DE##F#G###

先序遍历结果为：
A B C D E F G
层次遍历结果为：
A B C D E F G
树的深度为：5
```

输入 ABC##DE##F#G### 创建的二叉树如实验图 5.2 所示。

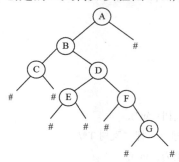

实验图 5.2 创建的一棵二叉树

5.2.2 图遍历的演示

【问题描述】

采用邻接表形式存储图，进行图的深度优先搜索并输出结果。

【数据结构】

本设计使用图的邻接表实现。

【算法设计】

程序中设计了三个函数：

➢ 函数 Dfs()用来实现深度优先搜索图；

➢ 函数 Create_graph()用来建立图的邻接表存储结构；

➢ 函数 Print_graph()用来实现图的输出。

适合于无向/有向图的两种常用遍历图的方法是深度优先搜索(DFS)和广度优先搜索(BFS)。由于深度优先搜索时，可选择同一深度邻接点中任何一个继续进行邻接点深度优先搜索，故其遍历序列不是唯一的。我们以邻接表作为图的存储结构。从顶点 v 出发进行深度优先遍历图的递归算法过程如下：

(1) 访问顶点 v；

(2) 找到 v 的第一个邻接点 w；

(3) 如果邻接点 w 存在且未被访问，则从 w 出发深度优先遍历图，否则，结束。

(4) 找顶点 v 关于 w 的下一个邻接点，转(3)。

【程序实现】

```
#include<stdio.h>
#include <stdlib.h>
#define vertexnum 9          /*定义顶点数*/
/*图顶点结构：用邻接表存储*/
struct node{
    int vertex;              /*邻接顶点数据*/
    struct node *next;       /*下一个邻接顶点*/
};
```

```
typedef struct node *graph;            /*定义图结构*/
struct node head[vertexnum];
int visited[vertexnum];                /*用于标记结点是否已访问*/
/*深度优先搜索法*/
void Dfs(int vertex)
{    graph pointer;
     visited[vertex]=1;                /*标记此结点已访问*/
     printf("[%d]==>", vertex);
     pointer=head[vertex].next;
     while (pointer!=NULL)
     {
         if (visited[pointer->vertex]==0)
         Dfs(pointer->vertex);         /*递归调用*/
         pointer=pointer->next;        /*下一个邻接点*/
     }
}
/*建立邻接顶点到邻接表内*/
void Create_graph(int vertex1, int vertex2)
{
     graph pointer, new1;
     new1=(graph)malloc(sizeof(struct node));    /*配置内存*/
     if (new1!=NULL)                             /*成功*/
     {
         new1->vertex=vertex2;                   /*邻近接点*/
         new1->next=NULL;
         pointer=&(head[vertex1]);               /*设为顶点数组之首结点*/
         while (pointer->next!=NULL)
         pointer=pointer->next;                  /*下一个结点*/
         pointer->next=new1;                     /*串在链尾*/
     }
}
/*输出邻接表数据*/
void Print_graph(struct node *head)
{
     graph pointer;
     pointer=head->next;   /*指针指向首结点*/
     while (pointer!=NULL)
     {
         printf("[%d]", pointer->vertex);
```

```
        pointer=pointer->next;                          /*往下一结点*/
    }
    printf("\n");
}
void main()
{
    int i;
    int node[20][2]={{1, 2}, {2, 1}, {1, 3}, {3, 1}, {2, 4}, {4, 2}, {2, 5}, {5, 2}, {3, 6}, {6, 3}, {3, 7},
                    {7, 3}, {4, 8}, {8, 4}, {5, 8}, {8, 5}, {6, 8}, {8, 6}, {7, 8}, {8, 7}};
    /*图 G3 的所有结点的邻接点的邻接表*/
    for (i=0; i<vertexnum; i++)
    {
        head[i].vertex=i;
        head[i].next=NULL;
    }
    for (i=0; i<vertexnum; i++)                          /*配置所有结点均未访问*/
        visited[i]=0;
        for (i=0; i<20; i++)
        Create_graph(node[i][0], node[i][1]);   /*建立邻接表*/
        printf("\n 图的邻接表表示：\n");
    for (i=1; i<vertexnum; i++)
    {
        printf(" vertex[%d]: ", i);
        Print_graph(&head[i]);
    }
    printf(" 深度优先遍历图为:\n");
    printf(" [开始]==> ");
    Dfs(1);      /*首先从结点 1 开始*/
    printf(" [结束] \n");
}
```

【运行与测试】

运行如下：

```
图的邻接表表示：
vertex[1]: [2][3]
vertex[2]: [1][4][5]
vertex[3]: [1][6][7]
vertex[4]: [2][8]
vertex[5]: [2][8]
vertex[6]: [3][8]
vertex[7]: [3][8]
vertex[8]: [4][5][6][7]
深度优先遍历图为:
[开始]==> [1]==>[2]==>[4]==>[8]==>[5]==>[6]==>[3]==>[7]==> [结束]
```

5.2.3 电文的编码和译码

【问题描述】

从键盘接收一串电文字符,输出对应的 Huffman(哈夫曼)编码,同时,能翻译由 Huffman 编码生成的代码串,输出对应的电文字符串。设计要求:

(1) 构造一棵 Huffman 树;

(2) 实现 Huffman 编码,并用 Huffman 编码生成的代码串进行译码;

(3) 程序中字符和权值是可变的,实现程序的灵活性。

【数据结构】

本设计使用结构体数组存储 Huffman 树。

【算法设计】

程序中设计了两个函数:

➢ 函数 HuffmanTree()用来构造一个 Huffman 树;

➢ 函数 HuffmanCode()用来生成 Huffman 编码并输出。

在电报通信中,电文是以二进制代码传送的。在发送时,需要将电文中的字符转换成二进制代码串,即编码;在接收时,要将收到的二进制代码串转化为对应的字符序列,即译码。由于字符集中的字符被使用的频率是非均匀的,在传送电文时,要想使电文总长尽可能短,就需要让使用频率高的字符编码长度尽可能短。因此,若对某字符集进行不等长编码的设计,则要求任意一个字符的编码都不是其他字符编码的前缀,这种编码称作前缀编码。由 Huffman 树求得的编码是最优前缀码,也叫 Huffman 编码。给出字符集和各个字符的概率分布,构造 Huffman 树,将 Huffman 树中每个分支结点的左分支标为 0,右分支标为 1,将根到每个叶子路径上的标号连起来,就是该叶子所代表字符的编码。

程序中主函数根据提示输入一些字符和字符的权值,则程序输出哈夫曼编码;若输入电文,则可以输出哈夫曼译码。

1. 构造 Huffman 树的算法

主程序中输入不同字符,统计不同字符出现的次数作为该字符的权值,存于 data[]数组中。假设有 n 种字符,则有 n 个叶子结点,构造的哈夫曼树有 2n−1 个结点。具体步骤如下:

(1) 将 n 个字符(叶结点)和其权值存储在 HuffNode 数组的前 n 个数组元素中;将 2n−1 个结点的双亲和左右孩子均置 −1。

(2) 在所有结点中,选择双亲为 −1,并选择具有最小和次小权值的结点 m1 和 m2,用 x1 和 x2 指示这两个结点在数组中的位置,将根为 HuffNode[x1]和 HuffNode[x2]的两棵树合并,使其成为新结点 HuffNode[n+i]的左右孩子,其权值为 m1+m2。

(3) 重复上述过程,共进行 n−1 次合并就构造了一棵 Huffman 树。产生的 n−1 个结点依次放在数组 HuffNode[]的 n～2n−2 的单元中。

2. Huffman 编码和译码算法

(1) 从 Huffman 树的叶子结点 HuffNode[i](0≤i<n)出发,通过 HuffNode[c].parent 找到其双亲,通过 lchild 和 rchild 域可知 HuffNode[c]是左分支还是右分支,若是左分支则

bit[n−1−i]=0；否则 bit[n−1−i]=1。

(2) 将 HuffNode[c]作为出发点，重复上述过程，直到找到树根位置，即进行了 Huffman 编码。

(3) 译码时首先输入二进制代码串，放在数组 code 中，以回车结束输入。

(4) 将代码与编码表进行比较，如果为 0，则转向左子树；如果为 1，则转向右子树，直到叶结点结束。 输出叶子结点的数据域，即所对应的字符。

【程序实现】

```c
#include<stdio.h>
#include<conio.h>
#define MAXVALUE 10000
#define MAXLEAF 30
#define MAXNODE MAXLEAF*2-1
#define MAXBIT 50
#define NULL 0
typedef struct node{
    char letter;
        int weight;
        int parent;
        int lchild;
        int rchild;
    }HNodeType;
typedef struct {
    char letter;
        int bit[MAXBIT];
        int start;
    }HCodeType;
typedef struct {
        char s;
        int num;
    }Message;
/*哈夫曼树的构造算法*/
void HuffmanTree(HNodeType HuffNode[], int n, Message a[])
{
    int i, j, m1, m2, x1, x2, temp1; char temp2;
    for(i=0; i<2*n-1; i++)      /*HuffNod[]初始化*/
    {
        HuffNode[i].letter=NULL;
        HuffNode[i].weight=0;
        HuffNode[i].parent=-1;
```

```
            HuffNode[i].lchild=-1;
            HuffNode[i].rchild=-1;
        }
    for(i=0; i<n-1; i++)
        for(j=i+1; j<n-1; j++)
            if(a[j].num>a[i].num)
            {
                temp1=a[i].num; a[i].num=a[j].num; a[j].num=temp1;
                temp2=a[i].s; a[i].s=a[j].s; a[j].s=temp2;
            }
    for(i=0; i<n; i++)
    {
        HuffNode[i].weight=a[i].num;
        HuffNode[i].letter=a[i].s;
    }
    for(i=0; i<n-1; i++)                 /*构造哈夫曼树*/
    {
        m1=m2=MAXVALUE;
        x1=x2=0;
        for(j=0; j<n+i; j++)            /*找出的两棵权值最小的子树*/
        {
            if(HuffNode[j].parent==-1&&HuffNode[j].weight<m1)
            {
                m2=m1; x2=x1;
                m1=HuffNode[j].weight;    x1=j;
            }
            else if(HuffNode[j].parent==-1&&HuffNode[j].weight<m2)
            {
                m2=HuffNode[j].weight;
                x2=j;
            }
        }
        /*将找出的两棵子树合并为一棵子树*/
        HuffNode[x1].parent=n+i; HuffNode[x2].parent=n+i;
        HuffNode[n+i].weight=HuffNode[x1].weight+HuffNode[x2].weight;
        HuffNode[n+i].lchild=x1; HuffNode[n+i].rchild=x2;
    }
}
/*生成哈夫曼编码*/
```

```
void HuffmanCode(int n, Message a[])
{
    HNodeType HuffNode[MAXNODE];
    HCodeType HuffCode[MAXLEAF], cd;
    int i, j, c, p;
    char code[30], *m;
    HuffmanTree(HuffNode, n, a);          /*建立哈夫曼树*/
    for(i=0; i<n; i++)                     /*求每个叶子结点的哈夫曼编码*/
    {
        cd.start=n-1;
        c=i;
        p=HuffNode[c].parent;
        while(p!=-1)                       /*由叶结点向上直到树根*/
        {
            if(HuffNode[p].lchild==c)
                cd.bit[cd.start]=0;
            else
                cd.bit[cd.start]=1;
            cd.start--;
            c=p;
            p=HuffNode[c].parent;
        }
        for(j=cd.start+1; j<n; j++)   /*保存求出的每个叶结点的哈夫曼编码和编码的起始位*/
        HuffCode[i].bit[j]=cd.bit[j];
        HuffCode[i].start=cd.start;
    }
    printf(" 输出每个叶子的哈夫曼编码: \n");
    for(i=0; i<n; i++)                     /*输出每个叶子结点的哈夫曼编码*/
    {
        HuffCode[i].letter=HuffNode[i].letter;
        printf(" %c:", HuffCode[i].letter);
        for(j=HuffCode[i].start+1; j<n; j++)
        printf(" %d", HuffCode[i].bit[j]);
        printf("\n");
    }
    printf(" 请输入电文(1/0):\n");
    for(i=0; i<30; i++) code[i]=NULL;
    scanf(" %s", &code);      m=code;
    c=2*n-2;
```

```
        printf(" 输出哈夫曼译码:\n");
        while(*m!=NULL)
        {
            if(*m=='0')
            {
                c=i=HuffNode[c].lchild;
                if(HuffNode[c].lchild==-1&&HuffNode[c].rchild==-1)
                {
                    printf("%c", HuffNode[i].letter);
                    c=2*n-2;
                }
            }
            if(*m=='1')
            {
                c=i=HuffNode[c].rchild;
                if(HuffNode[c].lchild==-1&&HuffNode[c].rchild==-1)
                {   printf("%c", HuffNode[i].letter);
                    c=2*n-2;
                }
            }
            m++;
        }
        printf("\n");
}
void main()
{
    Message data[30];
    char s[100], *p;
    int i, count=0;
    printf("\n 请输入一些字符:");
    scanf("%s", &s);
    for(i=0; i<30; i++)
    {
        data[i].s=NULL;
        data[i].num=0;
    }
    p=s;
    while(*p)
    {
```

```
            for(i=0; i<=count+1; i++)
            {
                if(data[i].s==NULL)
                {
                    data[i].s=*p; data[i].num++; count++; break;
                }
                else if(data[i].s==*p)
                {
                    data[i].num++; break;
                }
            }
            p++;
        }
        printf("\n");
        printf(" 不同的字符数:%d\n", count);
        for(i=0; i<count; i++)
        {    printf(" %c ", data[i].s);
            printf(" 权值:%d", data[i].num);
            printf("\n");
        }
        HuffmanCode(count, data);
        getch();
    }
```

【运行与测试】

运行如下：

```
请输入一些字符:abbcddd

不同的字符数:4
a   权值:1
b   权值:2
c   权值:1
d   权值:3
输出每个叶子的哈夫曼编码:
b: 1 0
a: 1 1 0
c: 1 1 1
d: 0
请输入电文(1/0):
01011000111
输出哈夫曼译码:
dbaddc
```

5.2.4　拓扑排序实验

【问题描述】

建立图的邻接表表示，实现图的拓扑排序。

【数据结构】

本设计使用图的邻接表实现。

【算法设计】

程序中设计了十一个函数：

➢ 函数 Graph_locate()用来求图中顶点位置的函数；

➢ 函数 Graph_add_arc()用来实现添加弧，这里图采用邻接表形式存储；

➢ 函数 Graph_create()用来创建图的邻接表存储结构；

➢ 函数 Graph_print()用来实现输出图中弧的函数；

➢ 函数 Graph_init()用来实现初始化一个图；

➢ 函数 Graph_free()用来实现销毁图，释放空间操作；

➢ 函数 Stack_init()、Stack_push()、Stack_pop()、Stack_is_empty()用来定义一个栈及其操作函数，拓扑排序需要借助于栈来实现；

➢ 函数 Topo_sort()为拓扑排序算法。

根据程序中定义的图的邻接表存储结构，给出弧结点结构和顶点结点结构，如实验图 5.3 所示。程序中设置了一个数组 indeg 用来存放每一个顶点的入度。为了避免重复检测入度为零的顶点，程序设置了一个辅助栈，若某一顶点的入度减为零，则将它入栈。每当输出某一入度为零的顶点时，便将它从栈中删除。函数 Topo_sort 实现拓扑排序，其步骤如下：

(1) 查找图 g 中无前驱的顶点并将其入栈；

(2) 如果栈不空，从栈中退出栈顶元素输出，并把该顶点引出的所有有向边删去，即把它的各个邻接顶点的入度减 1；

(3) 将入度为零的顶点入栈；

(4) 重复步骤(2)～(4)，直到栈为空为止，此时，或者是已经输出全部顶点，或者剩下的顶点中没有入度为零的顶点。

程序中的栈用来保存当前入度为零的顶点，并使处理有序。

该算法的时间复杂度为 O(n+e)。

(a) 弧结点　　　　　　(b) 顶点结点

实验图 5.3　图的邻接表顶点结点和表结点结构

【程序实现】

```
#include <stdio.h>
#include <stdlib.h>
#include <string.h>
#define MAX_VEXS 100
#define MAX_QUEUE 1000
typedef struct Arc      /*弧结点*/
{
    int ivex;           /*顶点在数组 vexs 中的位置*/
```

```
    struct Arc* next;
}ArcType;
typedef struct Vnode          /*顶点结点描述*/
{
    int data;
    ArcType * first_arc;
}VertexType;
typedef struct Graph          /*图的定义*/
{
    VertexType vexs[MAX_VEXS];
    int vexnum, arcnum;       /*图中顶点数和弧数*/
}GraphType;
int Graph_locate(GraphType * g, int val)    /*求顶点位置函数*/
{
    int i;
    for(i=0; i<g->vexnum; i++)
    {
        if(g->vexs[i].data==val) return i;
    }
    return -1;
}
void Graph_add_arc(GraphType *g, int x, int y)
{
    struct Arc *new_arc = (ArcType *)malloc(sizeof(ArcType));
    struct Arc *ptr = NULL;
    if(!new_arc)    return ;
    new_arc->ivex=y;
    new_arc->next=NULL;
    if(!g->vexs[x].first_arc)   /*找到顶点 vexs[x]链表的尾，插入弧*/
        g->vexs[x].first_arc = new_arc;
    else
    {
        ptr = g->vexs[x].first_arc;
        while(ptr->next!=NULL)
        ptr = ptr->next;
        ptr->next = new_arc;
    }
}
void Graph_create(GraphType *g)
```

```
{
    int i;
    int x, y;
    printf("\n 输入图中的顶点数:");
    scanf("%d", &g->vexnum);        /*输入图中顶点数 n*/
    printf(" 请输入顶点(整型):");
    for(i=0; i<g->vexnum; i++)
    {
        scanf("%d", &g->vexs[i].data);
        g->vexs[i].first_arc = NULL;
    }
    printf(" 请输入弧数 m:");        /*输入图中 m 条边*/
    scanf(" %d", &g->arcnum);
    printf(" 请输入弧(格式：x y):\n", i);
    for(i=0; i<g->arcnum; i++)
    {
        scanf(" %d %d", &x, &y);
        x = Graph_locate(g, x);
        y = Graph_locate(g, y);
        if(x==-1 || y==-1)
        {
            printf(" 弧输入错误(%d).\n", i);
            i--;
        }
        Graph_add_arc(g, x, y);    /*弧 x->y*/
    }
}
void Graph_print(GraphType * g)
{
    int i;
    ArcType * ptr;
    for(i=0; i<g->vexnum; i++)
    {
        ptr = g->vexs[i].first_arc;    /*输出弧*/
        while(ptr)
        {
            printf("%d->%d\n", g->vexs[i].data, g->vexs[ptr->ivex].data);
            ptr = ptr->next;
        }
```

```
        }
    }
    void Graph_init(GraphType * g)      /*初始化一个图*/
    {
        int i;
        for(i=0; i<MAX_VEXS; i++)
                g->vexs[i].first_arc = NULL;
        g->vexnum = 0;
        g->arcnum = 0;
    }
    void Graph_free(GraphType * g)
    {
        int i;
        ArcType * ptr;
        ArcType * free_node;
        g->vexnum = 0;
        g->arcnum = 0;
        for(i=0; i<MAX_VEXS; i++)
        {
            ptr = g->vexs[i].first_arc;
            while(ptr!=NULL)
            {
                free_node = ptr;
                ptr = ptr->next;
                free(free_node);
            }
        }
    }
    #define MAX_STACK 100
    struct Stack
    {
        int top;
        int data[MAX_STACK];
    };
    void Stack_init(struct Stack* stk)
    {
        stk->top = 0;
    }
    int Stack_push(struct Stack* stk, int v)
```

```
{
    if(stk->top>=MAX_STACK)
    {
        return -1;
    }else
    {
        stk->data[stk->top++] = v;
        return 0;
    }
}
int Stack_pop(struct Stack* stk, int* v)
{
    if(stk->top==0)     return -1;
    else
    {
        *v = stk->data[--stk->top];
        return 0;
    }
}
int Stack_is_empty(struct Stack* stk)
{
    return stk->top==0;
}

void Topo_sort(GraphType * g)
{
    int *indeg = (int*)malloc(sizeof(int)*g->vexnum);   /*计算所有顶点的入度数*/
    int i;
    int cnt = 0;
    struct Arc* ptr = NULL;
    struct Stack* stk = (struct Stack*)(malloc(sizeof(struct Stack)));   /*度为 0 的顶点入栈 S*/
    for(i=0; i<g->vexnum; i++)
        indeg[i] = 0;
    for(i=0; i<g->vexnum; i++)
    {
        ptr = g->vexs[i].first_arc;
        while(ptr!=NULL)
        {
            indeg[ptr->ivex]++;
```

```
                    ptr = ptr->next;
            }
        }
        Stack_init(stk);
        for(i=0; i<g->vexnum; i++)
        {
            if(indeg[i]==0)
            {
                if(-1==Stack_push(stk, i))
                {
                    printf("入栈失败...\n");
                    break;
                }
            }
        }
        printf(" 拓扑排序序列为：\n");
        while(!Stack_is_empty(stk))
        {
            int tmp;
            if(-1==Stack_pop(stk, &tmp))
            {
                printf(" 出栈失败...\n");
                break;
            }else
            {
                printf(" %d\n", g->vexs[tmp].data); /*输出一个顶点*/
                cnt++;
                ptr=g->vexs[tmp].first_arc; /*取 tmp 的第一个邻接点*/
                while(ptr!=NULL)
                {
                    if(--indeg[ptr->ivex]==0)  Stack_push(stk, ptr->ivex);
                    ptr=ptr->next;
                }
            }
        }
        free(stk);
        free(indeg);
        if(cnt<g->vexnum)   printf(" 这个图带环!!!\n");
    }
```

```
int main()
{
    GraphType g;
    Graph_init(&g);
    Graph_create(&g);
    Topo_sort(&g);
    Graph_free(&g);
    return 0;
}
```

【运行与测试】

运行如下：

```
输入图中的顶点数:7
请输入顶点（整型）:1 2 3 4 5 6 7
请输入弧数m:8
请输入弧（格式：x y）：
1 3  1 4  2 4  2 6  3 6  3 7  4 7  5 7
拓扑排序序列为:
2
5
1
4
3
7
6
```

5.3 实 验 题

(1) 编写程序，实现下述功能，并上机调试通过。

① 按中序顺序建立一棵二叉树；

② 用非递归方式遍历二叉树(先序、中序或后序)，输出遍历序列。

【提示】 参考实验指导 5.2.1 节程序，采用二叉链表做存储结构，建立二叉树。借助于栈结构来实现二叉树遍历的非递归算法。

(2) 家谱(或称族谱)是一种以表谱形式记载一个以血缘关系为主体的家族世系繁衍和重要人物事迹的特殊图书体裁。本实验对家谱管理进行简单的模拟，以实现查看祖先和子孙个人信息、插入家族成员、删除家族成员等功能。

【提示】 本实验的实质是完成对家谱成员信息的建立、查找、插入、修改、删除等功能，可以首先定义家族成员的数据结构，然后将每个功能写成一个函数来完成对数据的操作，最后完成主函数以验证各个函数功能并得出运行结果。

因为家族中的成员之间存在一个对多个的层次结构关系，所以用树结构来表示家谱。可以用二叉链表作为树的存储结构，链表中的两个链域分别指向该结点的第一个孩子结点和下一个兄弟结点，该表示法又称二叉树表示法，或孩子兄弟表示法。其存储形式可以定义如下：

```
typedef struct CSLinklist{
```

Elemtype data;

struct CSLinklist *firstchild, *nextsibling;

} CSLinklist, *CSTree;

(3) 采用邻接矩阵形式存储图，进行图的深度优先搜索并输出结果。

【提示】　参考 5.2.2 节程序，将邻接表换成邻接矩阵来存储图，完成图的深度优先搜索算法。

(4) 在图 G 中找到一条包含所有顶点的简单路径，该路径称为哈密顿路径。设计算法判断图 G 是否存在哈密顿路径，如果存在，输出一条哈密顿路径。

【提示】　寻找哈密顿路径的过程是一个深度优先遍历的过程。在遍历过程中，如果有回溯，说明遍历经过的路线中存在重复访问的顶点，所以，可以修改深度优先遍历算法，使其在遍历过程中取消回溯。

(5) 设计校园导游图。用无向网表示你所在学校的校园景点平面图，图中顶点表示主要景点，存放景点的编号、名称、简介等信息，图中的边表示景点间的道路，存放路径长度等信息。要求实现以下功能：

① 查询各景点的相关信息；

② 查询图中任意两个景点间的最短路径；

③ 查询图中任意两个景点间的所有路径。

【提示】　算法可以先建立有向网络，可以采用邻接矩阵作为有向网络的存储结构。求出有向网中给定顶点对之间的最短路径，最短路径可以采用迪杰斯特拉算法实现。将结果保存到最短路径数组中，找到路径上的各个顶点及顶点间的距离并输出。利用迪杰斯特拉算法求解给定顶点对之间的最短路径的过程中，首先要对求解到的顶点集 U 和待求解的顶点集 V-U 及最短路径结构数组进行初始化，然后在 V-U 顶点集中找到最短路径的顶点 u 将之并入顶点集 U 中，并从顶点集 V-U 中删除 u，接下来依次调整到顶点集 V-U 中每个顶点的当前最短路径值；直到 V=U 为止。

第六章 查找、排序及其应用

6.1 实 验 目 的

在非数值运算问题中，数据存储量一般很大，为了在大量信息中找到某些值，就要用到查找技术，而为了提高查找效率，就需要对一些数据进行排序。因此说排序与查找是重要的基本技术。本章所给实验的目的是使学生掌握各种查找排序算法，以达到在实际应用中能够根据具体问题选择和设计合适的查找和排序方法。

6.2 实 验 指 导

查找是对查找表进行的操作，而查找表是一种非常灵活、方便的数据结构。其数据元素之间仅存在"同属于一个集合"的这一种关系。依据查找表的组织可分为三类：静态查找表、动态查找表及哈希表。静态查找表中的查找有顺序查找、折半查找、索引查找。动态查找表中重点是二叉排序树的查找。哈希表对应的就是哈希查找。排序方法有多种，如简单选择排序、直接插入排序、起泡排序、希尔排序、堆排序、归并排序、快速排序等。排序是计算机程序设计中的一种重要操作，目的是提高查找效率。

本次实验内容围绕着不同的查找和排序算法展开，使学生能够通过实验指导，深刻理解不同查找和排序算法的特点，达到在实际应用中能灵活运用查找与排序算法的目的。

6.2.1 静态查找表

【问题描述】

设计一个有关静态查找表的建立、查找等基本操作的演示程序，并在程序中计算查找过程中与关键字的比较次数。这里以顺序查找方法为例，折半查找方法和索引顺序查找方法请读者自行完成。

【数据结构】

本设计使用顺序表实现。

【算法描述】

静态查找表可以有不同的表示方法，在不同的表示方法中，实现查找操作的方法也不同。对静态查找表可以用顺序表或线性链表进行表示，也可组织成有序的顺序表，或者是索引顺序表，相应的查找方法可采用顺序查找方法、折半查找方法和索引顺序查找的方法。

静态查找表包含两部分：一部分是用于存储查找表中的数据元素的一维数组 elem，一部分是用来记录表中数据元素个数的整型变量 length。

　　程序中设计了两个函数：

➢ 函数 Create()用来建立一个静态查找表 ST，这里注意 elem 的 0 号单元不用；

➢ 函数 Search()用来实现按照给定的值在表中进行查找，若找到则返回数据元素在表中的位置，否则返回 0。

　　Search 函数设计技巧：ST. elem[1]～ST. elem [length] 中存储 length 个记录，将给定的关键字存放在 ST. elem [0]中，即 ST. elem [0].key = key，ST. elem [0] 作为哨兵，称为监视哨，可以起到防止越界的作用。查找过程可以描述为：从表的尾部开始查找，逐个对记录的关键字和给定值进行比较，若某个记录的关键字和给定值比较相等，则查找成功；反之，一定会在最终的 ST. elem[0]中查找到，此时说明查找失败。显然，查找成功则返回记录在表中的位置，查找失败则返回 0。主函数中调用 Create 函数建立查找表，输入待查的关键字，调用 Search 函数进行查找。

【程序实现】

```c
#include<stdio.h>
#include<stdlib.h>
#include<conio.h>
typedef int KeyType;
typedef struct {
KeyType key;
}ElemType;
typedef    struct{
    ElemType *elem;
    int length;
}SSTable;
int Create(SSTable * ST)
{
    int i, n;
    printf("\n 请输入表长:");
    scanf("%d", &n);
    ST->elem=(ElemType*)malloc((n+1)*sizeof(ElemType));
    if (!ST->elem) return 0;
    printf(" 请输入  %d 个数据:", n);
    for (i=1; i<=n; i++) scanf("%d", &(ST->elem[i].key));
    ST->length=n;
    return 1;
}
/*在顺序表中查找其关键字等于 key 的数据元素，若找到，则函数值为该元素在表中的位置, */
/*否则为 0，指针变量 time 记录所需和关键字进行比较的次数。*/
```

```
int Search(SSTable ST, KeyType key, int *time)
{
    int i;
    ST.elem[0].key=key;
    *time=1;
    for (i=ST.length; ST.elem[i].key!=key; i--, ++*time);
    return i;
}
void main()
{
    SSTable ST;
    KeyType key;
    int i, time;
    char ch;
    if (Create(&ST))
    {
        printf(" 创建成功");      /*创建成功*/
        /*可重复查询 */
        do {
            printf(" 输入你想要查找的关键字:");
            scanf("%d", &key);
            i=Search(ST, key, &time);
            if (i!=0) /*查找成功！输出所在位置及 key 与元素关键字的比较次数*/
            {
                printf(" 查找成功，位置为 %d ", i);
                printf("\n 与关键字的比较次数为 %d", time);
            }
            else    /*查找失败，输出 key 与元素关键字的比较次数*/
            {
                printf(" 查找失败！ ");
                printf("\n 与关键字的比较次数为 %d", time);
            }
            printf("\n 继续吗(y/n):\n");
            /*是否继续，y 或 Y 表示继续查询，其它表示退出查询*/
            ch=getch();
        } while (ch=='y' || ch=='Y') ;
    }
    else    /*表 ST 建立失败，输出内存溢出的信息*/
        printf("\n 溢出");
}
```

【运行与测试】

运行如下：

```
请输入表长:10
请输入 10 个数据:2 1 9 8 10 21 90 43 11 32
创建成功 输入你想要查找的关键字:90
查找成功,位置为 7
与关键字的比较次数为 4
继续吗(y/n):
输入你想要查找的关键字:7
查找失败!
与关键字的比较次数为 11
继续吗(y/n):
```

设顺序查找表的长度为 n，查找失败的比较次数为 n+1；在等概率情况下，查找成功时的平均查找长度为 1/(2*(n+1))。

6.2.2 动态查找表

【问题描述】

设计一个有关动态查找表(以二叉排序树为例)的建立、查找、插入和删除等基本操作的演示程序。

【数据结构】

本设计使用二叉树实现。

【算法描述】

动态查找表的特点是表结构本身在查找过程中动态生成，即对给定的关键字 key，若表中存在其关键字等于 key 的记录，则查找成功返回，否则插入关键字等于 key 的记录。

程序中设计了三个函数：

➢ 函数 SearchBST()为二叉排序树中的查找函数，采用递归方式实现；

➢ 函数 InsertBST()用来实现在二叉排序树中插入一个新结点；

➢ 函数 Inorder()对建立好的二叉排序树进行中序遍历，得到一个有序序列。

在主函数中第一步建立二叉排序树：令二叉排序树为空，然后依次输入数据元素，再调用 InsertBST 函数将输入的数据元素插入到二叉排序树中。第二步调用 Inorder 函数输出数据元素。第三步输入待查找的数据元素，调用 SearchBST 函数进行查找。

输入数据建立一棵二叉排序树，然后进行多次查询。读者可自己先在纸上画出这棵二叉排序树，注意分析和比较运行结果，以加强对二叉树排序的建立和查找过程的理解。

【程序实现】

```c
#include <stdlib.h>
#include <stdio.h>
#include <conio.h>
#define NULL 0
typedef int KeyType;
typedef struct
{    KeyType key;
```

```
    // …
}ElemType;     /*元素类型(其他数据项略，读者可根据实际情况加入)*/
typedef struct BiTNode{
    ElemType data;
    struct BiTNode *lchild, *rchild;
}BiTNode, *BiTree;
/*在二叉排序树 bt 中查找其关键字等于给定值的结点是否存在，并输出相应信息*/
BiTree SearchBST(BiTree bt, KeyType key)
{
    if (bt==NULL) return NULL;
    else if (bt->data.key==key) return bt;
    else if (key<bt->data.key) return SearchBST(bt->lchild, key);
    else return SearchBST(bt->rchild, key);
}
/*在二叉排序树中插入一个新结点*/
void InsertBST(BiTree *bt, BiTree s)
{
    if (*bt==NULL) *bt=s;
        else if (s->data.key<(*bt)->data.key) InsertBST(&((*bt)->lchild), s);
            else if (s->data.key>(*bt)->data.key) InsertBST(&((*bt)->rchild), s);
}
/*对已经建立好的二叉排序树进行中序遍历，将得到一个按关键字有序的元素序列*/
void Inorder(BiTree bt)
{
    if (bt!=NULL)
    {
        Inorder(bt->lchild);
        printf("%5d", (bt->data).key);
        Inorder(bt->rchild);
    }
}
void main()
{
    char ch;
    KeyType key;
    int i=0;
    BiTNode *s, *bt;
    /*建立一棵二叉排序树，元素值从键盘输入，直到输入关键字等于-1 为止*/
    printf("\n 请输入数据(输入-1 结束)：\n");
    scanf("%d", &key);
```

```
        bt=NULL;
        while (key!=-1)
        {
            s=(BiTree)malloc(sizeof(BiTNode));
            (s->data).key=key;
            s->lchild=s->rchild=NULL;
            InsertBST(&bt, s);
            scanf("%d", &key);
        }
        printf("\n 二叉排序树创建完成！\n");
        Inorder(bt);    /*中序遍历已建立的二叉排序树*/
        do {        /*二叉排序树的查找，可多次查找，并输出查找的结果*/
            printf("\n\n 请输入你想要查找的关键字:");
            scanf("%d", &key);
            s=SearchBST(bt, key);
            if (s!=NULL) printf(" 查找成功，值为 %d ", s->data.key);
            else    printf(" 查找不成功！ ");
            printf("\n\n 继续吗(y/n):\n");
            ch=getch();
        } while (ch=='y' || ch=='Y') ;
    }
```

【运行与测试】

运行如下：

```
请输入数据(输入-1结束)：
67 15 80 6 58 76 97 39 88 -1

二叉排序树创建完成！
    6    15    39    58    67    76    80    88    97

请输入你想要查找的关键字:67
查找成功,值为 67

继续吗(y/n):


请输入你想要查找的关键字:50
查找不成功！

继续吗(y/n):
```

6.2.3　哈希表的设计

【问题描述】

　　要求针对某个数据集合中的关键字设计一个哈希表(选择合适的哈希函数和处理冲突的方法)，完成哈希表的建立、查找，并计算哈希表查找成功的平均查找长度。

　　考虑具体问题的关键字集合(如 65，34，12，77，11)并给定哈希表长 m，采用除留余数法和线性探测再散列技术解决冲突，计算该哈希表在查找成功时的平均查找长度 ASL。

【数据结构】

本设计使用顺序表实现。

【算法设计】

程序中设计了四个函数：

➤ 函数 Haxi()用来根据哈希表长 m，构造除留余数法的哈希函数，一般来说除留余数法中的除数 p 选择为不超过 m 的最大素数，本函数实现了 p 的选取；

➤ 函数 Inputdata()用来接受从键盘输入的 n 个数据，并存入数据表 ST 中；

➤ 函数 Createhaxi()用来根据输入的数据表 ST 构造哈希表 HAXI；

➤ 函数 Search()用来实现在表长为 m 的哈希表中查找关键字等于 key 的元素，并用 time 记录比较次数，若查找成功，函数返回值为其在哈希表中的位置，否则返回 −1。

算法中数据元素的定义如下：

```
typedef struct {
    KeyType key ;
    …;
}ElemType;
ElemType  *HAXI;    /*动态分配的哈希表的首地址*/
```

【程序实现】

```
#include <stdlib.h>
#include <stdio.h>
#include <conio.h>
#define NULL 0
typedef int KeyType;
typedef struct {
    KeyType key ;
    //……;
}ElemType;
/*根据哈希表长 m，构造除留余数法的哈希函数 Haxi*/
int Haxi(KeyType key, int m)
{
    int i, p, flag;
    for (p=m; p>=2; p--)     /*p 为不超过 m 的最大素数*/
    {
        for (i=2, flag=1; i<=p/2 &&flag; i++)
            if (p%i==0) flag=0;
            if (flag==1) break;
    }
    return   key%p;      /*哈希函数*/
}
/*从键盘输入 n 个数据，存入数据表 ST(采用动态分配的数组空间)*/
```

```
void Inputdata(ElemType **ST, int n)
{
    int i;
    (*ST)=(ElemType*)malloc(n*sizeof(ElemType));
    printf("\n 请输入 %d 个数据: ", n);
    for (i=0; i<n; i++)
        scanf("%d", &((*ST)[i].key));
}
/*根据数据表 ST，构造哈希表 HAXI*，n、m 分别为数据集合 ST 和哈希表的长度*/
void Createhaxi(ElemType **HAXI, ElemType *ST, int n, int m)
{
    int i, j;
    (*HAXI)=(ElemType*)malloc(m*sizeof(ElemType));
    for (i=0; i<m; i++)
        (*HAXI)[i].key=NULL;              /*初始化哈希为空表(以 0 表示空)*/
    for (i=0; i<n; i++)
    {
        j=Haxi(ST[i].key, m);             /*获得直接哈希地址*/
        while ((*HAXI)[j].key!=NULL)      /*用线性探测再散列技术确定存放位置*/
            j=(j+1)%m;
        (*HAXI)[j].key=ST[i].key;         /*将元素存入哈希表的相应位置*/
    }
}
/*在表长为 m 的哈希表中查找关键字等于 key 的元素，并用 time 记录比较次数，
    若查找成功，函数返回值为其在哈希表中的位置，否则返回-1*/
int Search(ElemType *HAXI, KeyType key, int m, int *time)
{
    int i;
    *time=1;
    i=Haxi(key, m);
    while (HAXI[i].key!=0 && HAXI[i].key!=key)
    {
        i++; ++*time;
    }
    if (HAXI[i].key==0)    return -1;
                    else return i;
}
void main()
{
    ElemType *ST, *HAXI;
```

```
KeyType key;
int i, n, m, stime, time;
char ch;
printf("\n 请输入 n && m(n<=m)："); /*输入关键字集合元素个数和 HAXI 表长*/
scanf("%d%d", &n, &m);
Inputdata(&ST, n);                    /*调用函数，输入 n 个数据*/
Createhaxi(&HAXI, ST, n, m);         /*建立哈希表*/
/*输出已建立的哈希表*/
printf("\n 哈希表为 \n");
for (i=0; i<m; i++)
    printf("%5d", i);
printf("\n");
for (i=0; i<m; i++)
    printf("%5d", HAXI[i].key);
/*哈希表的查找，可进行多次查找*/
do {
    printf("\n 请输入你想要查找的关键字:");
    scanf("%d", &key);
    i=Search(HAXI, key, m, &time);
    if(i!=-1)
    {
        printf("\n 查找成功，位置是 %d ", i);     /*查找成功*/
        printf("\n 比较次数为 %d", time);
    }
    else
    {   printf("\n 查找不成功！ ");              /*查找失败*/
        printf("\n 比较次数为 %d", time);
    }
    printf("\n 继续吗(y/n):\n");                   /*是否继续查找 yes or no*/
    ch=getch();
}while (ch=='y' || ch=='Y') ;
 /*计算表在等概率情况下的平均查找长度，并输出*/
for (stime=0, i=0; i<n; i++)
{
    Search(HAXI, ST[i].key, m, &time);
    stime+=time;
};
printf("\n 平均查找长度为 %5.2f\n", (float)stime/n);
ch=getch();
}
```

【运行与测试】

运行如下：

```
请输入 n && m(n<=m): 5 7

请输入 5 个数据: 65 34 12 77 11

哈希表为
    0    1    2    3    4    5    6
   77    0   65    0   11   12   34
请输入你想要查找的关键字:65

查找成功, 位置是 2
比较次数为 1
继续吗(y/n):

请输入你想要查找的关键字:10

查找不成功!
比较次数为 1
继续吗(y/n):

平均查找长度为   1.00
```

6.2.4　不同排序算法的比较

【问题描述】

给出一组数，用以下 6 种常用的内部排序算法进行排序：直接插入排序、希尔排序、冒泡排序、快速排序、简单选择排序、堆排序。

【数据结构】

本设计使用一维数组存储实现。

【算法设计】

程序中设计了六个函数：

➢ 函数 InsertSort()用来实现插入排序；

➢ 函数 ShellSort()用来实现希尔排序；

➢ 函数 BubbleSort()用来实现冒泡排序；

➢ 函数 SelectSort()用来实现选择排序；

➢ 函数 QuickSort()用来实现快速排序；

➢ 函数 HeapSort()用来实现堆排序。

在主函数中首先建立原始序列，之后设计界面供用户选择排序方法，依据用户选择进行相应排序，并将排序结果输出。

【程序实现】

```c
#include<stdio.h>
#define MAX 100
void InsertSort(int array[], int n);
void ShellSort(int array[], int n, int dd[], int t);
void BubbleSort(int array[], int n);
void SelectSort(int array[], int n);
```

```
void QuickSort(int array[], int min, int max);
void HeapSort(int array[], int n);
void main()
{
    int array[MAX], dd[MAX];
    int n, s, q, ch;
    printf("\n 请输入待排序数的个数：\n");
    scanf("%d", &n);
    printf(" 请输入待排序数据：\n");
    for(s=0; s<n; s++)
        scanf("%d", &array[s]);
    printf(" 1---直接插入排序\n");
    printf(" 2---希尔排序\n");
    printf(" 3---冒泡排序\n");
    printf(" 4---快速排序\n");
    printf(" 5---简单选择排序\n");
    printf(" 6---堆排序\n");
    printf(" 请选择(1-6):");
    scanf("%d", &ch);
    switch(ch)
    {
        case 1:
            printf(" 直接插入排序结果：\n");
            InsertSort(array, n);
            break;
        case 2:
            printf(" 希尔排序结果：\n");
            /*初始化一个增量数组*/
            s=n;
            q=0;
            while(s>1)
            {
                dd[q++]=s/2;
                s=s/2;
            }
            /*最后一次的增量为 1*/
            ShellSort(array, n, dd, q);
            break;
        case 3:
            printf("冒泡排序结果：\n");
```

```
            BubbleSort(array, n);
            break;
        case 4:
            printf(" 快速排序结果：\n");
            QuickSort(array, 0, n-1);
            break;
        case 5:
            printf(" 简单选择排序结果：\n");
            SelectSort(array, n);
            break;
        case 6:
            printf(" 堆排序结果：\n");
            HeapSort(array, n);
            break;
        default:
            return;
    }
    /*输出排序后的节点序列*/
    for(s=0; s<n-1; s++)
        printf("%d    ", array[s]);
    printf("%d", array[s]);
    printf("\n");
}
/*直接插入排序*/
void InsertSort(int array[], int n)
{   int s, t, q;
    s=1;
    while(s<n)
    {
        t=array[s];    /*t 是一个临时变量*/
        for(q=s-1; q>=0&&t<array[q]; q--)
            array[q+1]=array[q];    /*t 结点向右移动*/
        array[q+1]=t;
        s++;
    }
}
/*希尔排序*/
void ShellSort(int array[], int n, int dd[], int t)
{
    int s, x, k, h;
    int y;
```

```
            for(s=0; s<t; s++)
            {
                h=dd[s];    /*选取增量*/
                for(x=h; x<n; x++)
                {
                    y=array[x];
                    for(k=x-h; k>=0&&y<array[k]; k-=h)
                        array[k+h]=array[k];    /*向后移动*/
                        array[k+h]=y;
                }
            }
}
/*冒泡排序*/
void BubbleSort(int array[], int n)
{    int s, m, q, t;
    m=0;
        while(m<n-1)    /*如果 m==n-1，结束循环*/
        {
            q=n-1;
            for(s=n-1; s>=m+1; s--)
                if(array[s]<array[s-1])
                {
                    t=array[s];
                    array[s]=array[s-1];
                    array[s-1]=t;
                    q=s;
                }
            m=q;
        }
}
/*快速排序*/
void QuickSort(int array[], int min, int max)
{
    int head, tail;
    int t;
    if(min<max)
    {
        head=min;
        tail=max;
        t=array[head];
        while(head!=tail)
```

```
            {
                while(head<tail&&array[tail]>=t)
                    tail--;
                if (head<tail)
                    array[head++]=array[tail];            /*交换结点*/
                while(head<tail&&array[head]<=t)
                    head++;
                if(head<tail)
                    array[tail--]=array[head];
            }
            array[head]=t;
            QuickSort(array, min, head-1);
            QuickSort(array, tail+1, max);
        }
}
/*选择排序*/
void SelectSort(int array[], int n)
{   int k, q, s, t;
    for(s=0; s<n; s++)
    {
        k=s;
        for(q=s+1; q<n; q++)
            if(array[k]>array[q])
                k=q;
                t=array[s];
            array[s]=array[k];
            array[k]=t;              /*交换位置*/
    }
}
/*调整为堆*/
void PercDown(int array[], int s, int n)
{
    int q;
    int t;
    t=array[s];
    while((q=2*s+1)<n)    /*有左孩子*/
    {
        if(q<n-1&&array[q]<array[q+1])
            q++;
        if(t<array[q])
```

```
    {
        array[(q-1)/2]=array[q];
        s=q;
    }
    else
        break;
}
array[(q-1)/2]=t;    /*t 放在最后一个位置*/
}
/*堆排序*/
void HeapSort(int array[], int n)
{
    int s;
    int t;
    s=(n-1)/2;
    while(s>=0)
    {
        PercDown(array, s, n);
        s--;
    }
    s=n-1;
    while(s>0)
    {
        t=array[0];    /*交换结点*/
        array[0]=array[s];
        array[s]=t;
        PercDown(array, 0, s);
        s--;
    }
}
```

【运行与测试】

运行如下：

```
请输入待排序数的个数：
5
请输入待排序数据：
30 20 50 40 10
1---直接插入排序
2---希尔排序
3---冒泡排序
4---快速排序
5---简单选择排序
6---堆排序
请选择(1-6)：4
快速排序结果：
10  20  30  40  50
```

6.3 实 验 题

(1) 建立一个有序的顺序表，实现折半查找算法。要求能进行多次查找，对于每次查找，要求输出查找的结果和查找时需和表中关键字进行比较的次数，最后计算该表在等概率情况下的平均查找长度。

【提示】 参考实验指导 6.2.1 小节程序，顺序表可定义如下：

```
typedef    struct{
        ElemType *elem;
        int length;
    }SSTable;
```

折半查找的算法思想是要求表中记录有序排列，查找过程中采用跳跃式方式查找，即先以有序序列的中点位置为比较对象，如果要找的元素值小于该中点元素，则将待查序列缩小为左半部分，否则为右半部分。通过一次比较，将查找区间缩小一半。折半查找是一种高效的查找方法。它可以明显减少比较次数，提高查找效率。

(2) 编写一个学生成绩管理系统，每个学生的数据信息有准考证号(主关键字)、姓名、政治、语文、英语、数学、物理和总分等数据项，所有学生的信息构成一个学生成绩表。假设准考证号的头两位表示地区编号。请设计一个管理系统达到如下基本要求：

① 初始化。建立一个学生成绩表，输入准考证号、姓名、政治、语文、英语、数学、物理，然后计算每个学生的总分，存入相应的数据项。注意：分析数据对象和它们之间的关系，并以合适的方式进行组织(可选择无序的顺序表、有序的顺序表或索引顺序表来进行存储表示)。

② 查找。综合应用基本查找算法完成数据的基本查询工作，并输出查询的结果。

③ 输出。有选择性地输出满足一定条件的数据记录，如输出地区编号为"01"并且总分在 550 分以上的学生的信息。

④ 计算。计算在等概率情况下该查找表的平均查找长度。

【提示】 本程序要求首先利用顺序存储结构建立学生成绩表数据库，可将学生成绩表存到文件中，通过打开文件操作，读出数据，采用实验指导例题中给出的查找算法进行设计。

(3) 设计一个双向起泡排序算法。

【提示】 双向起泡排序是从两端两两比较相邻记录，如果反序则交换，直到没有反序的记录位置。

(4) 人们在日常生活中经常需要查找某个人或某个单位的电话号码，实现一个简单的个人电话号码查询系统。本实验要求完成以下功能：

① 提供查询功能，可根据姓名实现快速查询。

② 提供维护功能，例如插入、删除、修改。

【提示】 可以定义结构体数组来存放个人电话号码信息。为了实现对电话号码的快速查询，可以将结构数组排序，以便应用折半查找，但是，在数组中实现插入和删除的代价较高。如果记录需频繁进行插入或删除操作，可以考虑采用二叉排序树组织电话号码信息，则查找和维护都能获得较高的时间性能。

第二部分　学　习　指　导

第一章　绪　　论

1.1　基 本 知 识 点

本章主要讨论贯穿和应用于整个数据结构课程始终的基本概念和性能分析方法。学习本章的内容，将为后续章节的学习打下良好的基础。

1. 基本概念

数据，数据元素，数据对象，数据结构，数据类型，抽象数据类型，算法等。

2. 数据结构的内容

数据结构研究的内容即"三要素"为：逻辑结构、物理(存储)结构及在这种结构上所定义的操作(运算) 。

(1) 逻辑结构：集合结构、线性结构、树型结构(树)、网状结构(图)。

(2) 物理结构：顺序结构、链表结构。

(3) 操作：初始化、插入、删除、求长度、查找/匹配、排序、遍历、合并 。

3. 算法

(1) 算法的定义及五个特征——有穷性、确定性、可行性、有 0 或多个输入、有 1 或多个输出。

(2) 算法设计要求——正确性、可读性、健壮性、高性能。

(3) 算法效率的度量——时间复杂度、空间复杂度。

1.2　习 题 解 析

1. 什么是数据结构? 有关数据结构的讨论涉及哪三个方面?

【解答】 数据结构是指数据以及相互之间的关系。记为：数据结构 = {D, R}，其中，D 是某一数据对象，R 是该对象中所有数据成员之间的关系的有限集合。

有关数据结构的讨论一般涉及以下三方面的内容：

① 数据成员以及它们相互之间的逻辑关系，也称为数据的逻辑结构，简称为数据结构；

② 数据成员及其关系在计算机存储器内的存储表示，也称为数据的物理结构，简称为存储结构；

③ 施加于该数据结构上的操作。

数据的逻辑结构是从逻辑关系上描述数据，它与数据的存储不是一码事，是与计算机存储无关的。因此，数据的逻辑结构可以看作是从具体问题中抽象出来的数据模型，是数据的应用视图。数据的存储结构是逻辑数据结构在计算机存储器中的实现(亦称为映像)，它是依赖于计算机的，是数据的物理视图。数据的操作是定义于数据逻辑结构上的一组运算，每种数据结构都有一个运算的集合，例如搜索、插入、删除、更新、排序等。

2. 数据的逻辑结构分为线性结构和非线性结构两大类。线性结构包括数组、链表、栈、队列等；非线性结构包括树、图等，这两类结构各自的特点是什么？

【解答】　线性结构的特点是：

① 由同一类型的数据元素组成，每个a_i必须属于同一数据类型；

② 数据元素个数是有限的，表长就是表中数据元素的个数；

③ 存在唯一的"第一个"数据元素；存在唯一的"最后一个"数据元素；

④ 除第一个数据元素外，每个数据元素均有且只有一个前驱元素；

⑤ 除最后一个数据元素外，每个数据元素均有且只有一个后继元素。

非线性结构的特点是：

① 由同一类型的数据元素组成，每个a_i必须属于同一数据类型；

② 数据元素个数是有限的；

③ 一个数据成员可能有零个、一个或多个直接前驱和直接后继，例如，树、图或网络等都是典型的非线性结构。

3. 什么是算法？算法的5个特性是什么？试根据这些特性解释算法与程序的区别。

【解答】　通常定义算法为"为解决某一特定任务而规定的一个指令序列"。一个算法应当具有以下特性：

① 有输入。一个算法必须有 0 个或多个输入。它们是算法开始运算前给予算法的量。这些输入取自于特定的对象的集合。它们可以使用输入语句由外部提供数据，也可以使用赋值语句在算法内给定数据。

② 有输出。一个算法应有一个或多个输出，输出的量是算法计算的结果。

③ 确定性。算法的每一步都应确切地、无歧义地定义。对于每一种情况，需要执行的动作都应严格、清晰地规定。

④ 有穷性。一个算法无论在什么情况下都应在执行有穷步后结束。

⑤ 有效性。算法中每一条运算都必须是足够基本的。就是说，它们原则上都能精确地执行，甚至人们仅用笔和纸做有限次运算就能完成。

算法和程序不同，程序可以不满足上述的特性④。例如，一个操作系统在用户未使用前一直处于"等待"的循环中，直到出现新的用户事件为止。这样的系统可以无休止地运行，直到系统停工。

此外，算法是面向功能的，通常用面向过程的方式描述；程序可以用面向对象方式搭建它的框架。

4．简述下列概念：数据、数据元素、数据类型、数据结构、逻辑结构、存储结构、线性结构、非线性结构。

【解答】 数据：指能够被计算机识别、存储和加工处理的信息载体。

数据元素：就是数据的基本单位，在某些情况下，数据元素也称为元素、结点、顶点、记录。数据元素有时可以由若干数据项组成。

数据类型：是一个值的集合以及在这些值上定义的一组操作的总称。通常数据类型可以看作是程序设计语言中已实现的数据结构。

数据结构：指的是数据之间的相互关系，即数据的组织形式。一般包括三个方面的内容：数据的逻辑结构、存储结构和数据的运算。

逻辑结构：指数据元素之间的逻辑关系。

存储结构：数据元素及其关系在计算机存储器内的表示。

线性结构：数据逻辑结构中的一类。它的特征是若结构为非空集，则该结构有且只有一个开始结点和一个终端结点，并且所有结点都有且只有一个直接前趋和一个直接后继。线性表就是一个典型的线性结构。栈、队列、串、数组等都是线性结构。

非线性结构：数据逻辑结构中的另一大类，它的逻辑特征是一个结点可能有多个直接前趋和直接后继。树和图数据结构都是非线性结构。

5．试举一个数据结构的例子，叙述其逻辑结构、存储结构、运算三个方面的内容。

【解答】 例如，有一张学生体检情况登记表，记录了一个班的学生的身高、体重等各项体检信息。在这张登记表中，每个学生的各项体检信息排在一行上。这个表就是一个数据结构。每个记录(姓名、学号、身高和体重等字段)就是一个结点，对于整个表来说，只有一个开始结点(它的前面无记录)和一个终端结点(它的后面无记录)，其它的结点则各有一个也只有一个直接前趋和直接后继(它的前面和后面均有且只有一个记录)。这几个关系就确定了这个表的逻辑结构是线性结构。

这个表中的数据如何存储到计算机里，并且如何表示数据元素之间的关系呢？即用一片连续的内存单元来存放这些记录(如用数组表示)，还是随机存放各结点数据再用指针进行链接呢？这就是存储结构的问题。

在这个表的某种存储结构的基础上，可实现对这张表中的记录进行查询、修改和删除等操作。对这个表可以进行哪些操作以及如何实现这些操作就是数据的运算问题了。

6．常用的存储表示方法有哪几种？

【解答】 常用的存储表示方法有两种：

顺序存储方法：把逻辑上相邻的结点存储在物理位置相邻的存储单元里，结点间的逻辑关系由存储单元的邻接关系来体现。由此得到的存储表示称为顺序存储结构，通常借助程序语言的数组描述。

链式存储方法：它不要求逻辑上相邻的结点在物理位置上也相邻，结点间的逻辑关系是由附加的指针表示的。由此得到的存储表示称为链式存储结构，通常借助于程序语言的指针类型来描述。

7. 算法的时间复杂度仅与问题的规模相关吗？

【解答】算法的时间复杂度不仅与问题的规模相关，还与输入实例中的初始状态有关。但在最坏的情况下，其时间复杂度就只与求解问题的规模相关。在讨论时间复杂度时，一般是以最坏情况下的时间复杂度为准的。

8. 按增长率由小至大的顺序排列下列各函数：

$$2^{100}, \quad (3/2)^n, \quad (2/3)^n, \quad n^n, \quad n^{0.5}, \quad n!, \quad 2^n, \quad \log_2 n, \quad n^{\log_2 n}, \quad n^{(3/2)}$$

【解答】常见的时间复杂度按数量级递增排列，依次为：常数阶 $0(1)$、对数阶 $0(\log_2 n)$、线性阶 $0(n)$、线性对数阶 $0(n\log_2 n)$、平方阶 $0(n^2)$、立方阶 $0(n^3)$、k 次方阶 $0(n^k)$、指数阶 $0(2^n)$。

先将题中的函数分成如下几类：

常数阶：2^{100}。

对数阶：$\log_2 n$。

k 次方阶：$n^{0.5}$、$n^{(3/2)}$。

指数阶(按指数由小到大排)：$n^{\log_2 n}$、$(3/2)^n$、2^n、$n!$、n^n。

注意：$(2/3)^n$ 由于底数小于 1，所以是一个递减函数，其数量级应小于常数阶。

根据以上分析，按增长率由小至大的顺序可排列函数如下：

$$(2/3)^n < 2^{100} < \log_2 n < n^{0.5} < n^{(3/2)} < n^{\log_2 n} < (3/2)^n < 2^n < n! < n^n$$

9. 设 n 为正整数，确定下列划线语句的执行频度。

(1)　for (i=1; i<=n; i++)

　　　　for (j=1; j<=i; j++)

　　　　　　for (k=1; k<=j; k++)

　　　　　　　　<u>x=x+1</u> ;

【解答】语句的执行频度是该语句重复执行的次数。计算循环语句段中某一语句的执行次数，要得到语句执行与循环变量之间的关系。

这是一个三重循环，最内层的循环次数由 j 决定，次内层由 i 决定，而 i 从 1 变化到 n。

所以划线语句的执行频度为：$\sum\limits_{i=1}^{n}\sum\limits_{j=1}^{i} j$。

(2)　i=1;

　　　while (i<=n)

　　　　<u>i=i*3</u>;

【解答】 设语句执行 m 次，则有

$$3^m \leq n \rightarrow m = \log_3 n$$

(3)　i=1; k=0;

```
while(i<n)
{   k=k+10*i;
    i++;
}
```

【解答】 while 循环执行 n 次，k=k+10*i 执行次数为 n−1。

(4)
```
x=91; y=100;
while(y>0)
    if(x>100)
    {   x=x-10;
        y--;
    }
    else
        x++;
```

【解答】 执行 1100 次。

10．分析下列程序段的时间复杂度。

(1)
```
sum=0;
for(i=0; i<=n; i++)
    for(j=0; j<n; j++)
        sum++;
```

【解答】 $O(n^2)$。

(2)
```
sum=0;
for(i=0; i<=n; i++)
    for(j=0; j<n*n; j++)
        sum++;
```

【解答】 $O(n^3)$。

(3)
```
sum=0;
for(i=0; i<=n; i++)
    for(j=0; j<i; j++)
        sum++;
```

【解答】 $O(n^2)$。

(4)
```
sum=0;
for (i=0; i<=n; i++)
    for (j=0; j<i*i; j++)
        if(j%i==0)
            for (k=0; k<j; j++)
                sum++;
```

【解答】 $O(n^4)$。

(5)
```
int func(int n)
```

```
    {
        if (n<=1)
            return(1);
        else
            return(func(n-1)*n);
    }
```

【解答】 设 func(n)的运行时间为 T(n)，由程序可知：

$$T(n) = \begin{cases} O(1) & n \leq 1 \\ T(n-1) + O(1) & n>1 \end{cases}$$

所以：T(n) = O(1) + T(n−1) = 2 × O(1) + T(n−1) = … = n × O(1) = O(n)。

1.3　自测题及参考答案

一、填空题

1. 数据结构是研讨数据的_____和_____，以及它们之间的相互关系，并对与这种结构定义相应的_____，设计出相应的_____。

2. 数据结构被形式地定义为(D, R)，其中 D 是_____的有限集合，R 是 D 上_____的_____有限集合。

3. 线性结构中元素之间存在_____关系，树形结构中元素之间存在_____关系，图形结构中元素之间存在_____关系。

4. 在线性结构中，第一个结点_____前驱结点，其余每个结点有且只有 1 个前驱结点；最后一个结点_____后继结点，其余每个结点_____后继结点。

5. 在树形结构中，树根结点没有_____结点，其余每个结点有且只有_____个前驱结点；叶子结点没有_____结点，其余每个结点的后继结点数_____。

6. 在图形结构中，每个结点的前驱结点数和后继结点数可以有_____。

7. 数据结构中评价算法的两个重要指标是_____和_____。

8. 从一维数组 a[n]中查找出最大值元素的时间复杂度为_____，输出一个二维数组 b[m][n]中所有元素值的时间复杂度为_____。

二、单项选择题

1. 从逻辑上可以把数据结构分为_____两大类。
   A. 动态结构、静态结构　　　　　B. 顺序结构、链式结构
   C. 线性结构、非线性结构　　　　D. 初等结构、构造型结构

2. 数据结构中，与所使用的计算机无关的是数据的_____结构。
   A. 存储　　　　B. 物理　　　　C. 逻辑　　　　D. 物理和存储

3. 算法分析的目的是_____。
   A. 找出数据结构的合理性　　　　B. 研究算法中输入和输出的关系
   C. 分析算法的效率以求改进　　　D. 分析算法的易懂性和文档性

4. 计算机中的算法指的是解决某一个问题的有限运算序列，它必须具备输入、输出和_____等 5 个特性。

    A. 可行性、可移植性和可扩充性   B. 可行性、确定性和有穷性

    C. 确定性、有穷性和稳定性   D. 易读性、稳定性和安全性

5. 可以用_____来定义一个完整的数据结构。

    A. 数据元素   B. 数据对象   C. 数据关系   D. 抽象数据类型

6. 计算机算法指的是_____。

    A. 计算方法   B. 排序方法

    C. 解决问题的有限运算序列   D. 调度方法

7. 下面程序的时间复杂度为_____。

```
for(i=0; i<m; i++)
    for(j=0; j<n; j++)
        a[i][j]=i*j;
```

    A. $O(m*n)$ B. $O(n^2)$ C. $O(m^2)$ D. $O(m+n)$

8. 程序段 i=0; s=0;

```
while(++i<=n){
    int p=1;
    for(j=0; j<i; j++)
        p*=j;
    s=s+p;
}
```

该程序段的时间复杂度为_____。

    A. $O(n)$ B. $O(n \log_2 n)$ C. $O(n^3)$ D. $O(n^2)$

【参考答案】

一、填空题

1. 逻辑结构，物理结构，操作(运算)，算法

2. 数据元素，关系

3. 一对一，一对多，多对多

4. 没有，没有，有且只有一个

5. 前驱，1，后继，任意多个

6. 任意多个

7. 算法的时间复杂度，空间复杂度

8. $O(n)$，$O(m*n)$

二、单项选择题

1. C 2. C 3. C 4. B 5. D 6. C 7. A 8. D

第二章 线 性 表

2.1 基 本 知 识 点

这一部分从第二章到第七章，介绍线性表、栈、队列、串、数组与广义表、树与二叉树、图等内容。每章均先介绍逻辑结构特点，再介绍存储结构，然后介绍其应用。线性表是整个数据结构课程学习的重点，链表是整个数据结构课程的重中之重。

1. 线性表的概念

线性表是n(n≥0)个数据类型相同的数据元素组成的有限序列，数据元素之间是一对一的关系，即每个数据元素最多有一个直接前驱和一个直接后继。

线性表的特点如下：

(1) 线性表由同一类型的数据元素组成，每个a_i必须属于同一数据类型。

(2) 线性表中的数据元素个数是有限的，表长就是表中数据元素的个数。

(3) 存在唯一的"第一个"数据元素；存在唯一的"最后一个"数据元素。

(4) 除第一个数据元素外，每个数据元素均有且只有一个前驱元素。

(5) 除最后一个数据元素外，每个数据元素均有且只有一个后继元素。

线性表是一种最简单、最常见的数据结构，如栈、队列、矩阵、数组、字符串、堆等都符合线性表的条件。

2. 线性表的顺序存储

线性表的顺序存储结构是指在计算机中用一组地址连续的存储单元依次存储线性表的各个数据元素，元素之间的逻辑关系通过存储位置来反映，用这种存储形式存储的线性表被称为顺序表。

顺序表具有按数据元素的序号随机存取的特点；但插入和删除操作需要移动大量数据元素。

3. 线性表的链式存储

线性表的链式存储结构不需要用地址连续的存储单元来实现，因为它不要求逻辑上相邻的两个数据元素物理位置上也相邻，它是通过"链"建立起数据元素之间的逻辑关系的，因此对线性链表的插入、删除操作不需要移动数据元素。

链表可分为单链表、循环单链表和双向链表。链表是常用的存储方式，不仅可以用来表示线性表，而且可以用来表示各种非线性的数据结构。

链表中一定注意理解头指针、头结点和首元结点(表头结点)三个概念。在单链表中有无头结点的区别如下：

(1) 若无头结点，则在第一个数据元素前插入元素或删除第一个数据元素时(也就是涉及空表时)，链表的头指针总在变化。

(2) 有了头结点，任何数据结点的插入或删除操作都将统一。

线性链表中的插入、删除操作虽然不需要移动数据元素，但需要查找插入、删除位置，所以时间复杂度仍然是O(n)。

顺序存储结构和链式存储结构的比较见表2.1。

表 2.1 两种结构的比较

结构比较	顺序存储结构	链式存储结构
逻辑关系体现	位置相邻反映逻辑关系	指针
是否按序号随机存取	是	否
插入、删除操作	需要移动大量数据元素	不需要移动数据元素，只修改指针

2.2 习 题 解 析

1. 试述线性表的顺序存储与链式存储的优缺点。

【解答】 线性表的顺序存储结构是用一组连续的存储单元存储线性表中的数据元素，用物理位置反映数据元素之间的逻辑关系。其优点是表中数据元素可随机存取；缺点是在表中进行插入和删除操作时需要移动大量的数据元素，且表长不易扩充。

线性表的链式存储结构是用一组任意存储单元存储表中数据元素，用指针反映数据元素的逻辑关系。其优点是在表中进行插入和删除时不需要移动数据元素，而且表长可根据需要扩充或缩短；其缺点是表中数据元素不可随机存取。

2. 试述以下三个概念的区别：头指针，头结点，首元结点。

【解答】 头指针是指向链表中第一个结点(开始结点或首元结点)的指针；首元结点之前附加的一个结点称为头结点；首元结点为链表中存储线性表中第一个数据元素的结点。如图 2.1 所示为头指针、头结点及首元结点示意图。

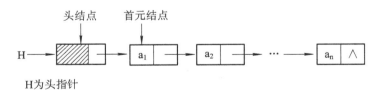

图 2.1 头指针、头结点及首元结点示意图

3. 何时选用顺序表、何时选用链表作为线性表的存储结构?

【解答】 在实际应用中，应根据具体问题的要求和性质来选择顺序表或链表作为线性表的存储结构，通常有以下几方面的考虑：

① 基于空间的考虑。当要求存储的线性表长度变化不大，易于事先确定其大小时，为了节省存储空间，宜采用顺序表；反之，当线性表长度变化大，难以估计其存储规模时，宜采用链表。

② 基于时间的考虑。若主要对线性表进行查找操作，而很少做插入和删除操作时，宜采用顺序表；反之，若需要对线性表进行频繁的插入或删除等操作时，宜采用链表，并且，若链表的插入和删除主要发生在表的首尾两端，则采用尾指针表示的循环单链表为宜。

4. 在顺序表中插入和删除一个结点需平均移动多少个结点？具体的移动次数取决于哪两个因素？

【解答】 对于顺序表上的插入操作，时间主要消耗在数据元素的移动上。在第 i 个位置上插入 x，从 a_i 到 a_n 都要向下移动一个位置，共需要移动 n−i+1 个数据元素，而 i 的取值范围为 1≤i≤n+1，即有 n+1 个位置可以插入。设在第 i 个位置上插入数据元素的概率为 p_i，则平均移动数据元素的次数为

$$E_{in} = \sum_{i=1}^{n+1} p_i (n-i+1)$$

假设在每个位置插入数据元素的概率相等，即 $p_i = 1/(n+1)$，则

$$E_{in} = \sum_{i=1}^{n+1} p_i (n-i+1) + \frac{1}{n+1} \sum_{i=1}^{n+1} (n-i+1) = \frac{n}{2}$$

删除操作的时间性能与插入操作的相同，其时间主要消耗在数据元素的移动上。删除第 i 个数据元素时，其后面的数据元素 $a_{i+1} \sim a_n$ 都要向上移动一个位置，共移动了 n−i 个数据元素，所以平均移动数据元素的次数为

$$E_{de} = \sum_{i=1}^{n} p_i (n-i)$$

在等概率情况下，$p_i = 1/n$，则

$$E_{de} = \sum_{i=1}^{n} p_i (n-i) = \frac{1}{n} \sum_{i=1}^{n} (n-i) = \frac{n-1}{2}$$

具体的移动次数取决于顺序表的长度 n 以及需插入或删除的位置 i，i 越接近 n，则所需移动的结点数越少。

5. 为什么在单循环链表中设置尾指针比设置头指针更好？

【解答】 尾指针是指向链表最后一个结点的指针，用它来表示单循环链表可以使得查找链表的首元结点和最后一个结点都很方便。设一带头结点的单循环链表，其尾指针为 rear，则开始结点和终端结点的位置分别是 rear->next->next 和 rear，查找时间都是 O(1)，如图 2.2 所示。若用头指针来表示该链表，则查找终端结点的时间为 O(n)。

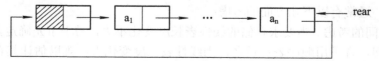

图 2.2　带尾指针的循环链表

6. 在单链表、双向链表和单循环链表中，若仅知道指针 p 指向某结点，不知道头指针，能否将结点*p 从相应的链表中删去？若可以，其时间复杂度各为多少？

【解答】 下面分别讨论三种链表的情况。

(1) 单链表。若要删除单链表中的结点 p，必须获得 p 的前驱。但是如果在单链表中仅知道 p 指向某结点，则只能根据该指针找到其直接后继，由于不知道其头指针，所以无法访问到 p 指针指向的结点的直接前驱，因此无法删去该结点，如图 2.3 所示。

图 2.3　单链表

(2) 双向链表。由于这样的链表提供双向指针，根据*p 结点的前驱指针和后继指针可以查找到其直接前驱和直接后继，从而可以删除该结点。其时间复杂度为 O(1)。

如图 2.4 所示，p 指向双向链表中的某结点，删除*p，操作如下：

① p->prior->next=p->next;

② p->next->prior=p->prior;

　 free(p);

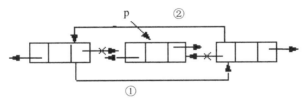

图 2.4　双向链表

(3) 单循环链表。根据已知结点位置，可以直接得到其后相邻的结点位置(直接后继)，又因为是循环链表，所以我们可以从 p 开始找后继，直到找到后继结点是 p 时停止，即可得到 p 结点的直接前驱，如图 2.5 所示。因此可以删去 p 所指结点。其时间复杂度应为 O(n)。

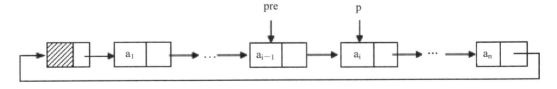

图 2.5　单循环链表

7. 下述算法的功能是什么？

```
typedef struct node
{ /*结点类型定义*/
    DataType data;        /*结点的数据域*/
    struct node *next;    /*结点的指针域*/
}ListNode, *LinkList;
```

```
LinkList Demo(LinkList L)
{       /* L 是无头结点单链表*/
    ListNode *Q, *P;
    if(L&&L->next)
    {   Q=L;
        L=L->next;
        P=L;
        while(P->next)
            P=P->next;
        P->next=Q;  `
        Q->next=NULL;
    }
    return L;
}
```

【解答】 该算法的功能是：将开始结点摘下链接到终端结点之后成为新的终端结点，而原来的第二个结点成为新的开始结点，返回新链表的头指针。其执行过程如图 2.6 所示。

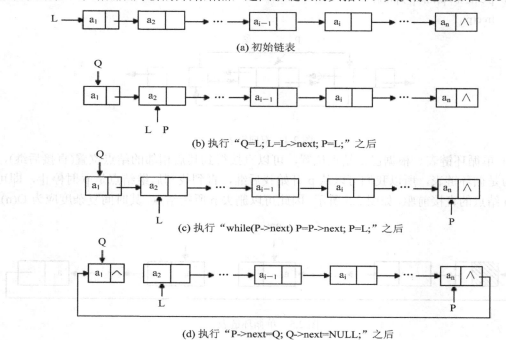

图 2.6　习题 7 算法执行过程示意图

8. 画出执行下列各行语句后各指针及链表的示意图。

```
L=(LinkList)malloc(sizeof(LNode));
P=L;
for(i=1; i<=4; i++)
```

```
{   P->next=(LinkList)malloc(sizeof(LNode));

    P=P->next;

    P->data=i*2-1;

}

P->next=NULL;
```

【解答】 各指针及链表的示意图如图 2.7 所示。

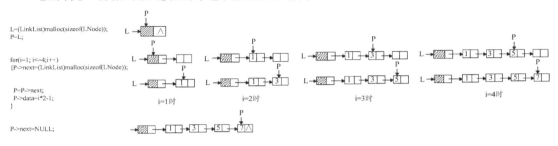

图 2.7 习题 8 算法执行过程示意图

9. 已知 L 是不带头结点的单链表，且 P 结点既不是首元结点，也不是尾元结点，试从下列提供的答案中选择合适的语句序列。过程示意图如图 2.8 所示。

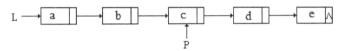

图 2.8 插入过程示意图

a. 在 P 结点后插入 S 结点的语句序列是＿＿＿＿＿＿＿＿＿＿。

b. 在 P 结点前插入 S 结点的语句序列是＿＿＿＿＿＿＿＿＿＿。

c. 在表首插入 S 结点的语句序列是＿＿＿＿＿＿＿＿＿。

d. 在表尾插入 S 结点的语句序列是＿＿＿＿＿＿＿＿＿。

(1) P->next=S;   (8) while(P->next!=Q) P=P->next;

(2) P->next=P->next->next;   (9) while(P->next!=NULL) P=P->next;

(3) P->next=S->next;   (10) P=Q;

(4) S->next=P->next;   (11) P=L;

(5) S->next=L;   (12) L=S;

(6) S->next=NULL;   (13) L=P。

(7) Q=P;

【解答】 a. 在 P 结点后插入 S 结点的语句序列是 (4)、(1) ，过程如图 2.9 所示。

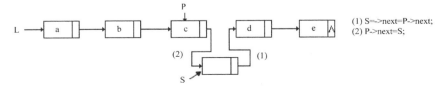

图 2.9 在 P 结点后插入 S 结点

b. 在 P 结点前插入 S 结点必须先找到 P 结点的前驱，所以，要从表头开始查找 P 的前驱结点，其语句序列是 (7)、(11)、(8)、(4)、(1) ，过程如图 2.10 所示。

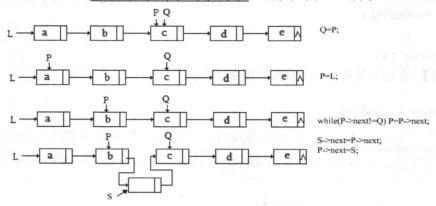

图 2.10   在 P 结点前插入 S 结点

  c. 在表首插入 S 结点的语句序列是 (5)、(12) ，过程如图 2.11 所示。

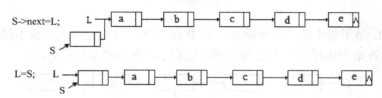

图 2.11   表首插入 S 结点

  d. 在表尾插入 S 结点的语句序列是 (7)、(9)、(1)、(6) ，过程如图 2.12 所示。

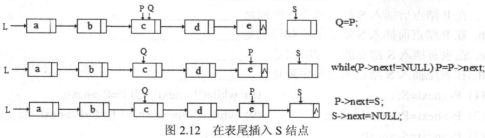

图 2.12   在表尾插入 S 结点

  10. 已知 L 是带表头结点的非空单链表(如图 2.13 所示)，且 P 结点既不是首元结点，也不是尾元结点，试从下列提供的答案中选择合适的语句序列。

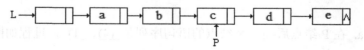

图 2.13   单链表 L

  a. 删除 P 结点的直接后继结点的语句序列是＿＿＿＿＿＿＿＿＿＿＿＿。

  b. 删除 P 结点的直接前驱结点的语句序列是＿＿＿＿＿＿＿＿＿＿＿＿。

  c. 删除 P 结点的语句序列是＿＿＿＿＿＿＿＿＿＿＿＿。

  d. 删除首元结点的语句序列是＿＿＿＿＿＿＿＿＿＿＿＿。

e. 删除尾元结点的语句序列是_____。

(1) P=P->next;

(2) P->next=P;

(3) P->next=P->next->next;

(4) P=P->next->next;

(5) while(P!=NULL) P=P->next;

(6) while(Q->next!=NULL) { P=Q; Q=Q->next; }

(7) while(P->next!=Q) P=P->next;

(8) while(P->next->next!=Q) P=P->next;

(9) while(P->next->next!=NULL) P=P->next;

(10) Q=P;

(11) Q=P->next;

(12) P=L;

(13) L=L->next;

(14) free(Q)。

【解答】a. 删除 P 结点的直接后继结点的语句序列是 (11)、(3)、(14)，过程如图 2.14 所示。

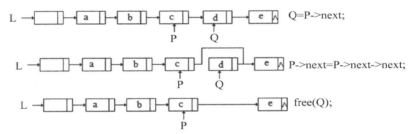

图 2.14　删除 P 结点的直接后继结点

b. 删除 P 结点的直接前驱结点必须找到待删结点的前驱，也就是 P 的前驱的前驱，其语句序列是 (10)、(12)、(8)、(3)、(14) ，过程如图 2.15 所示。

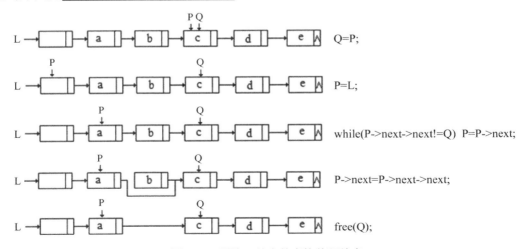

图 2.15　删除 P 结点的直接前驱结点

c. 删除 P 结点必须找到 P 的直接前驱，这一点和在 P 结点之前插入结点一样，语句序列是 <u>(10)、(12)、(7)、(3)、(14)</u>，过程如图 2.16 所示。

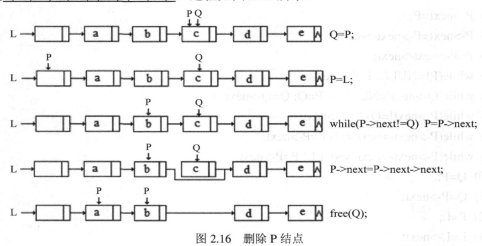

图 2.16 删除 P 结点

d. 删除首元结点的语句序列是 <u>(12)、(11)、(3)、(14)</u>，过程如图 2.17 所示。

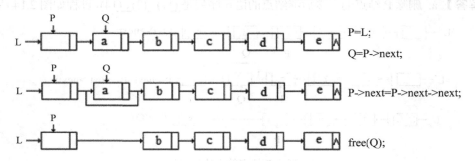

图 2.17 删除首元结点

e. 删除尾元结点需要找到倒数第二个结点，其语句序列是 <u>(11)、(6)、(3)、(14)</u>，过程如图 2.18 所示。

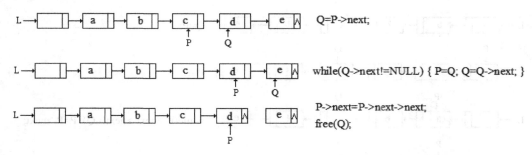

图 2.18 删除尾元结点

11. 已知 P 结点是某双向链表的中间结点，试从下列提供的答案中选择合适的语句序列，并画出过程图。

a. 在 P 结点后插入 S 结点的语句序列是_____。

b. 在 P 结点前插入 S 结点的语句序列是＿＿＿＿＿＿＿＿＿＿＿＿＿＿＿＿。

c. 删除 P 结点的直接后继结点的语句序列是＿＿＿＿＿＿＿＿＿＿＿＿＿＿。

d. 删除 P 结点的直接前驱结点的语句序列是＿＿＿＿＿＿＿＿＿＿＿＿＿。

e. 删除 P 结点的语句序列是＿＿＿＿＿＿＿＿＿＿＿＿＿＿。

(1) P->next=P->next->next;	(10) P->prior->next=P;
(2) P->prior=P->prior->prior;	(11) P->next->prior=P;
(3) P->next=S;	(12) P->next->prior=S;
(4) P->prior=S;	(13) P->prior->next=S;
(5) S->next=P;	(14) P->next->prior=P->prior;
(6) S->prior=P;	(15) Q=P->next;
(7) S->next=P->next;	(16) Q=P->prior;
(8) S->prior=P->prior;	(17) free(P);
(9) P->prior->next=P->next;	(18) free(Q)。

【解答】 a. 在 P 结点后插入 S 结点的语句序列是 (6)、(7)、(12)、(3) ，过程如图 2.19 所示。

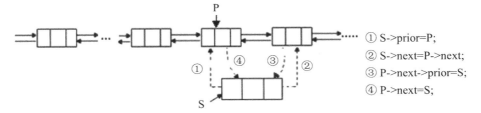

图 2.19　在 P 结点后插入 S 结点

b. 在 P 结点前插入 S 结点的语句序列是 (8)、(13)、(5)、(4) ，过程如图 2.20 所示。

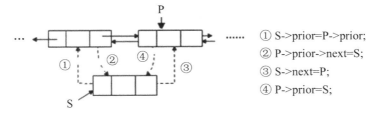

图 2.20　在 P 结点前插入 S 结点

c. 删除 P 结点的直接后继结点的语句序列是 (15)、(1)、(11)、(18) ，过程如图 2.21 所示。

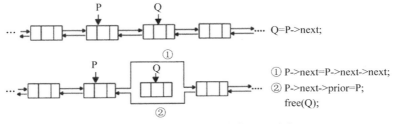

图 2.21　删除 P 结点的直接后继结点

d. 删除 P 结点的直接前驱结点的语句序列是 (16)、(2)、(10)、(18) ，过程如图 2.22 所示。

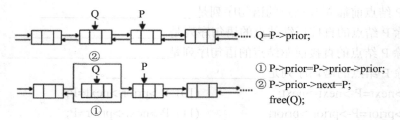

图 2.22 删除 P 结点的直接前驱结点

e. 删除 P 结点的语句序列是 <u>(9)、(14)、(17)</u>，过程如图 2.23 所示。

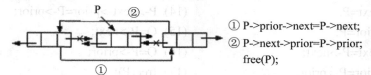

① P->prior->next=P->next;
② P->next->prior=P->prior;
    free(P);

图 2.23 删除 P 结点

12. 简述以下算法的功能。

(1) Status A(LinkList L)
```
    {   /* L 是无表头结点的单链表* /
        if(L&&L->next)
        {   Q=L;
            L=L->next;
            P=L;
            while(P->next)
                P=P->next;
            P->next=Q;
            Q->next=NULL;
        }
        return OK;
    }
```

【解答】 如果 L 的长度不小于 2，将 L 的首元结点变成尾元结点。图示参见图 2.6。

(2) void BB(LNode *s, LNode *q)
```
    {   p=s;
        while(p->next!=q)
            p=p->next;
        p->next =s;
    }
    void AA(LNode *pa, LNode *pb)
    {   /* pa 和 pb 分别指向单循环链表中的两个结点* /
        BB(pa, pb);
        BB(pb, pa);
    }
```

【解答】 将单循环链表拆成两个单循环链表。程序执行过程如图2.24所示。

13. 指出以下算法中的错误和低效之处，并将它改写为一个既正确又高效的算法。

```
Status DeleteK(SeqList *a, int i, int k)
{  /* 从顺序存储结构的线性表 a 中删除第 i 个元素起的 k 个元素*/
   if(i<1||k<0||i+k>a->last
      return INFEASIBLE; /*参数不合法*/
   else
   {  for(count=1; count<k; count++)
      {  /*删除第一个元素*/
         for(j=a->last; j>=i+1; j--) a->elem[j-i]=a->elem[j];
         a->last--;
      }
      return OK;  }
```

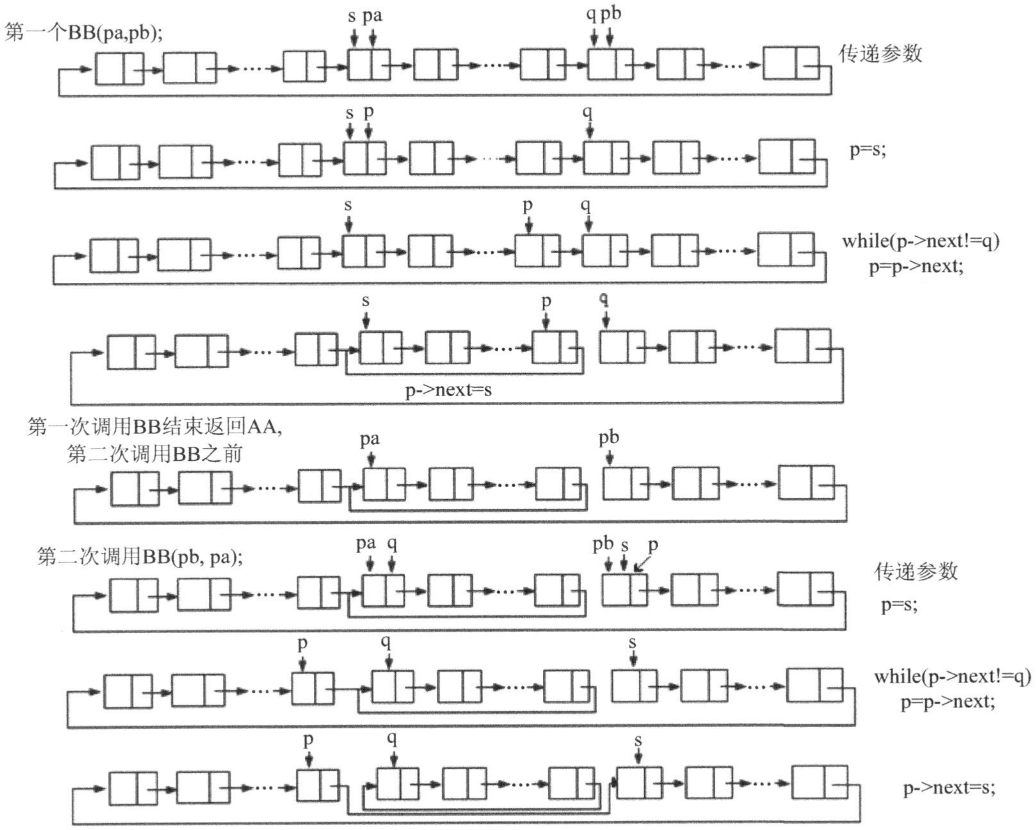

图 2.24 将单循环链表拆成两个单循环链表

【解答】 代码实现的功能是：从顺序存储结构的线性表 a 中删除第 i 个元素起的 k 个元素。其中包含双重循环，对从第 i 个元素起的 k 个元素中的每一个都要移动数据元素。其时间复杂度为 O(n²)。

实际上使用一重循环就可以了：将第 i+k+1 到 n 的元素依次前移 k 个位置即可，过程如图 2.25 所示。其时间复杂度为 O(k) 。

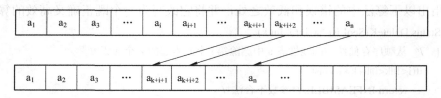

图 2.25 从顺序表中删除第 i 个元素起的 k 个元素

算法如下：

```
Status DeleteK(SeqList *a, int i, int k)
{   /*从顺序存储结构的线性表 a 中删除第 i 个元素起的 k 个元素*/
    /*注意 i 的编号从 0 开始*/
    int j;
    if(i<0||i>a->last-1||k<0||k>a->last-i) return INFEASIBLE;
    for(j=0; j<=k; j++)
            a->elem[j+i]=a->elem[j+i+k];
    a->last=a->last-k;
    return OK;
}
```

14．试分别用顺序表和单链表作为存储结构，实现将线性表(a_0, a_1, …, a_{n-1})就地逆置的操作，所谓"就地"，指辅助空间应为 O(1)。

【解答】 (1) 顺序表。要将该表逆置，可以将表中的开始结点与终端结点互换，第二个结点与倒数第二个结点互换，如此反复，就可将整个表逆置了，如图 2.26 所示。

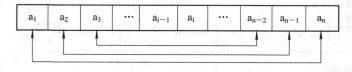

图 2.26 顺序表逆置

算法如下：

```
#define MAXSIZE    100
typedef struct Linear_list
{   DataType data[MAXSIZE]; /*定义数组域*/
    int   last; /*记录线性表中最后一个元素在数组 elem[]中的位置(下标值)，空表置为–1 */
}SeqList; /*顺序存储结构*/
void ReverseList(Seqlist *L)
{
    DataType temp ; /*设置临时空间用于存放 data*/
    int i;
```

```
for (i=0; i<=L->last/2; i++)    /*L->last/2 为整除运算*/
{   temp=L->data[i]; /*交换数据*/
    L->data[i]=L->data[L->last-i];
    L->data[L->last-i]=temp;
}
}
```

(2) 链表。可以用交换数据的方式来达到逆置的目的。但是由于是单链表，数据的存取不是随机的，因此算法效率太低。可以利用指针改指来达到表逆置的目的。具体情况如下：

① 当链表为空表或只有一个结点时，该链表的逆置链表与原表相同。

② 当链表含 2 个以上结点时，可将该链表处理成只含第一个结点的带头结点链表和一个无头结点的包含该链表剩余结点的链表。然后，将该无头结点链表中的所有结点顺着链表指针，由前往后将每个结点依次从无头结点链表中摘下，作为第一个结点插入到带头结点链表中。这样就可以得到逆置的链表。其过程如图 2.27 所示。

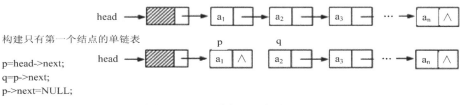

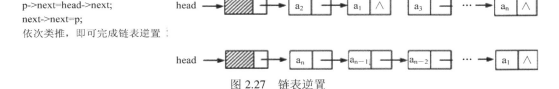

图 2.27   链表逆置

结点结构定义如下：

```
typedef struct node
{   /*结点类型定义*/
    DataType data;      /*结点的数据域*/
    struct node *next; /*结点的指针域*/
}ListNode，*LinkList; /* LinkList 为结构指针类型*/
ListNode *p;
LinkList head;
```

算法如下：

```
LinkList ReverseList( LinkList   head )
{   /*将 head 所指的单链表(带头结点)逆置*/
    ListNode *p , *q ; /*设置两个临时指针变量*/
    if( head->next && head->next->next)
```

```
    {  /*当链表不是空表或单结点时*/
        p=head->next;
        q=p->next;
        p->next=NULL;  /*将开始结点变成终端结点*/
        while(q)
        {  /*每次循环将后一个结点变成开始结点*/
            p=q;
            q=q->next ;
            p->next = head->next ;
            head->next = p;
        }
        return head;
    }
    return head;  /*如是空表或单结点表，直接返回 head*/
}
```

15. 设顺序表 va 中的数据元素递增有序，试写一算法，将 x 插入到顺序表的适当位置上，以保持该表的有序性。

【解答】 在顺序表 va 中从表尾元素开始向前依次与 x 进行比较，如果当前位置元素比 x 大，则当前元素后移一个位置，直到找到插入位置，即当前元素小于等于 x，或者比较到第一个元素。

算法如下：

```
#define MAXSIZE=线性表可能达到的最大长度
typedef    struct
{  DataType    data[MAXSIZE];      /*线性表占用的数组空间*/
    int    last;    /*记录线性表中最后一个元素在数组 elem[]中的位置(下标值)，空表置为–1 */
} SeqList;
int Insert_SeqList(SeqList *va, int x)
{
    int i;
    if (va->last+1>MAXSIZE) return 0;          /*表已满*/
        va->last++;
    for (i=va->last-1; va->data[i]>x &&i>=0; i--)    /*查找插入位置*/
        va->data[i+1]=va->data[i];
    va->data[i+1]=x;
    return 1;
}
```

16. 试写一算法，在带头结点的单链表结构上实现线性表操作 Locate(L，x)。

【解答】

```
typedef struct node
{   /*结点类型定义*/
    DataType data;      /*结点的数据域*/
    struct node *next;  /*结点的指针域*/
}ListNode，*LinkList; /* LinkList 为结构指针类型*/
/*以后的单链表类型均为此处定义的类型*/
LNode * Locate(LinkList L, int x)
{   LinkList p;
    for(p=L->next; p && p->data!=x; p=p->next; );
        return p;
}
```

17．试写一算法，在带头结点的单链表结构上实现线性表操作 Length(L，x)。

【解答】 算法如下：

```
int Length(LinkList L)
{   int k;
    for(k=0, p=L; p->next; p=p->next, k++; )
            return k;
}
```

18．已知指针 h_a、h_b 分别指向两个单链表的头结点，并且两个链表的长度分别为 m 和 n，试写一算法将这两个链表连接在一起(即令其中一个表的首元结点连在另一个表的最后一个结点之后)。假设指针 h_c 指向连接后的链表的头结点，并要求算法以尽可能短的时间完成连接运算，请分析你的算法的时间复杂度。

【解答】 由于要进行的是两单链表的连接，所以应找到放在前面的那个表的表尾结点，再将另一个表的开始结点链接到前面表的最后一个结点之后即可。该算法的主要时间消耗是用在寻找第一个表的尾结点上。这两个单链表的连接顺序无要求，并且已知两表的表长，则为了提高算法效率，可选表长小的单链表在前的方式连接。其过程如图 2.28 所示。

算法如下：

```
LinkList Link( LinkList L₁ , LinkList L₂, int m, int n )
{   /*将两个单链表连接在一起*/
    ListNode *p , *q, *s ;
    /*s 指向短表的头结点，q 指向长表的开始结点，回收长表头结点空间*/
    if (m<=n)
    { s=L1; q=L2->next; free(L2); }
    else
    {   s=L2; q=L1->next; free(L1); }
        p=s;
```

while(p->next) p=p->next; /*查找短表终端结点*/

p->next = q; /*将长表的开始结点链接在短表终端结点后*/

return s;

　　　}

　　本算法的主要操作时间花费在查找短表的终端结点上，所以本算法的时间复杂度为 O(min(m, n))。

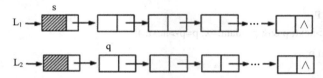

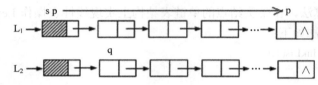

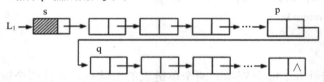

图 2.28　连接两个单链表

　　19. 已知单链表 L 是一个递增有序表，试写一高效算法，删除表中值大于 min 且小于 max 的结点(若表中有这样的结点)，同时释放被删结点的空间，这里 min 和 max 是两个给定的参数。请分析你的算法的时间复杂度。

　　【解答】解这样的问题，首先想到的是将链表中的元素一个一个地与 max 和 min 比较，然后删除这个结点。由于已知链表是有序的，则介于 min 和 max 之间的结点必为连续的一段元素序列，所以只要先找到所有大于 min 的结点中的最小结点的直接前驱结点 *p，然后依次删除小于 max 的结点，直到第一个大于等于 max 的结点 *q 位置，再将 *p 结点的直接后继指针指向 *q 结点。其过程如图 2.29 所示。

　　算法如下：

```
void DeleteList(LinkList L, DataType min, DataType max)
{
    ListNode *p, *q, *s;
    p=L;
    while(p->next&& p->next->data<=min)      /*找比 min 大的前一个元素位置*/
        p=p->next;
```

```
    q=p->next;   /*p 指向第一个不大于 min 结点的直接前驱，q 指向第一个大于 min 的结点*/
    while(q&&q->data<max)
    {   s=q;
        q=q->next;
        free(s);   /*删除结点，释放空间*/
    }
    p->next=q;   /*将*p 结点的直接后继指针指向*q 结点*/
}
```

初始链表，按值递增有序

先在链表中找到值大于min的结点
p指向第一个不大于min结点的直接前驱，q指向第一个大于min的结点
p=L;
while(p->next && p->next->data<=min) p=p->next;
q=p->next;

依次删除小于max的结点，直到第一个大于等于max的结点*q位置，然后将*p结点的直接后继指针指向*q结点

while(q&&q->data<max)
{ s=q; q=q->next; free(s); }

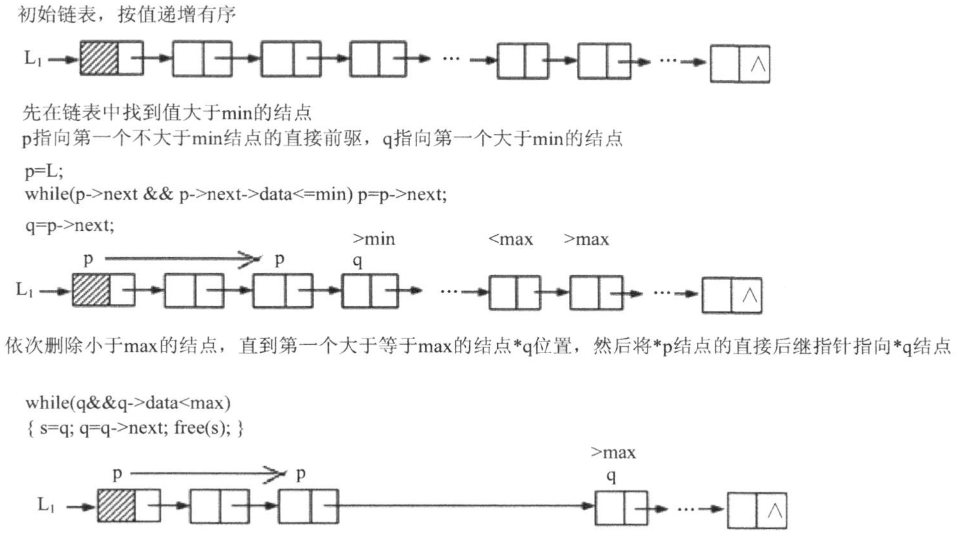

图 2.29　删除表中值大于 min 且小于 max 的结点

20．假设有两个按元素值递增有序排列的线性表 A 和 B，均以单链表作存储结构，请编写算法将 A 表和 B 表归并成一个按元素值递减有序(即非递增有序，允许表中含有值相同的元素)排列的线性表 C，并要求利用原表(即 A 表和 B 表)的结点空间构造 C 表。

【解答】　根据已知条件，A 和 B 是两个递增有序表，所以可以先取 A 表的表头建立空的 C 表。然后同时扫描 A 表和 B 表，将两表中最小的结点从对应表中摘下，并作为开始结点插入 C 表中。如此反复，直到 A 表或 B 表为空。最后将不为空的 A 表或 B 表中的结点依次摘下并作为开始结点插入 C 表中。这时，得到的 C 表就是由 A 表和 B 表归并成的一个按元素值递减有序的单链表 C，并且辅助空间为 O(1)。

算法如下：

```
LinkList MergeSort(LinkList A, LinkList B)
{   /*归并两个带头结点的递增有序表为一个带头结点递减有序表*/
    ListNode *pa ,*pb ,*q ,*C ;
    pa=A->next;                /*pa 指向 A 表开始结点*/
    C=A; C->next=NULL;          /*取 A 表的表头建立空的 C 表*/
    pb=B->next;                /*pb 指向 B 表开始结点*/
```

```
        free(B);                    /*回收 B 表的头结点空间*/
        while (pa&&pb)
        {
            if ( pb->data >= pa->data )
            {   /*当 A 中的元素小于等于 B 中当前元素时，将 pa 表的开始结点摘下*/
                q=pa; pa=pa->next;
            }
            else
            {   /*当 A 中的元素大于 B 中当前元素时，将 pb 表的开始结点摘下*/
                q=pb; pb=pb->next;
            }
            q->next=C->next; C->next=q; /*将摘下的结点 q 作为开始结点插入 C 表*/
        }
        while(pa)
        {   /*若 pa 表非空，则处理 pa 表*/
            q=pa; pa=pa->next;
            q->next=C->next; C->next=q;
        }
        while(pb)
        {   /*若 pb 表非空，则处理 pb 表*/
            q=pb; pa=pb->next;
            q->next=C->next; C->next=q;
        }
        return(C);
    }
```

该算法的时间复杂度分析如下：算法中有三个 while 循环，其中第二个和第三个循环只执行一个。每个循环做的工作都是对链表中的结点进行扫描处理。整个算法完成后，A表和 B 表中的每个结点都被处理了一遍。所以若 A 表和 B 表的表长分别是 m 和 n，则该算法的时间复杂度为 O(m+n)。

21．已知由一个线性链表表示的线性表中含有三类字符的数据元素(如字母字符、数字字符和其他字符)，试编写算法将该线性链表分割为三个循环链表，其中每个循环链表表示的线性表中均只含一类字符。

【解答】 首先建立三个只有头结点的单循环链表，分别是字母单链表 A、数字单链表 B、其他字符单链表 C。然后，依次从已知单链表中读结点，如果结点的值域为字母，则将其插入到字母单循环链表中；如果结点的值域为数字，则将其插入到数字单循环链表中；如果结点的值域为其他字符，则将其插入到其他字符的单循环链表中。最后一定记得设置每个链表的最后一个结点的指针域，让其指向头结点。

算法如下：

```
int LinkList_Divide(LinkList L, linkList *A, linkList *B, linkList *C)
{    s=L->next;
     (*A)=(linkList*)malloc(sizeof(CiLNode));
     p=(*A);              /*A 是字母链表* /
     (*B)=(linkList*)malloc(sizeof(CiLNode));
     q=(*B);              /*B 是数字链表* /
     (*C)=(linkList*)malloc(sizeof(CiLNode));
     r=(*C);              /*C 是其他字符链表* /
     while(s)
     {
         if((s->data)>= 'A '&&(s->data)<= 'Z '|| (s->data)>= 'a '&&(s->data)<= 'z ') /*是字母*/
         {  p->next=s;
            p=s;
         }
         else
         if((s->data)>= '0 '&&(s->data)<= '9 ')      /*是数字* /
         {  q->next=s;
            q=s;
         }
         else
         {  r->next=s;
            r=s;
         }
         s=s->next;
     }
     p->next=(*A);        /*构成循环链表*/
     q->next=(*B);        /*构成循环链表*/
     r->next=(*C);        /*构成循环链表*/
}
```

22. 写一算法将单链表中值重复的结点删除，使所得的结果表中各结点值均不相同。

【解答】 先取第一个结点中的值，将它与其后的所有结点值一一比较，发现相同的就删除掉，然后再取第二个结点中的值，重复上述过程，直到最后一个结点。

算法如下：

```
void DeleteList ( LinkList L )
{
    ListNode *p , *q , *s;
    p=L->next;
    while( p->next&&p->next->next)
```

```
        {
            q=p; /*由于要做删除操作，所以 q 指针指向要删除元素的直接前驱*/
            while (q->next)
            if (p->data==q->next->data)    /*删除与*p 的值相同的结点*/
            {   s=q->next;
                q->next=s->next;
                free(s);
            }
            else
                q=q->next;
            p=p->next;
        }
    }
```

23. 设有一个双向链表，每个结点中除有 prior、data 和 next 三个域外，还有一个访问频度域 freq，在链表被起用之前，其值均初始化为零。每当在链表进行一次 LocateNode(L, x)运算时，令元素值为 x 的结点中 freq 域的值加 1，并调整表中结点的次序，使其按访问频度的递减序排列，以便使频繁访问的结点总是靠近表头。试写一符合上述要求的 LocateNode 运算的算法。

【解答】 LocateNode 运算的基本思想就是在双向链表中查找值为 x 的结点，具体方法与在单链表中查找一样。找到结点 *p 后给 freq 域的值加 1。由于原来比 *p 结点查找频度高的结点都排在它前面，所以，接下去要顺着前驱指针找到第一个频度小于或等于 *p 结点频度的结点 *q 后，将 *p 结点从原来的位置删除，并插入到 *q 后即可。

算法如下：

```
        /*双向链表的存储结构*/
        typedef struct dlistnode{
            DataType data;
            struct dlistnode *prior, *next;
            int freq;
        }DListNode;
        typedef DListNode *DLinkList;
        void LocateNode( LinkList L, DataType x)
        {
            ListNode *p, *q;
            p=L->next;    /*带有头结点*/
            while( p&&p->data!=x )    p=p->next;
            if (!p) printf("x is not in L");   /*双向链表中无值为 x 的结点*/
            else
            {   p->freq++;   /*freq 加 1*/
```

```
      q=p->prior; /*以 q 为扫描指针寻找第一个频度大于或等于*p 频度的结点*/
      while(q!=L&&q->freq<p->freq)    q=q->prior;
      if (q->next!=p)     /*若*q 结点和*p 结点不为直接前趋直接后继关系，*/
                         /*则将*p 结点链到*q 结点后*/
      {   p->prior->next=p->next;        /*将*p 从原来位置摘下*/
          p->next->prior=p->prior;
          q->next->prior=p;              /*将*p 插入*q 之后*/
          p->next=q->next;
          q->next=p;
          p->prior=q;
      }
    }
  }
```

24. 设以带头结点的双向循环链表表示的线性表为 L=(a_1, a_2, …, a_n)，试写一时间复杂度为 O(n)的算法，将 L 改造为 L=(a_1, a_3, …, a_n, …, a_4, a_2)。

【解答】　将双向链表 L=(a_1, a_2, …, a_n)改造为(a_1, a_3, …, a_n, …, a_4, a_2)，也就是将序号为奇数的放在前面，序号为偶数的倒序放在后面。

```
    Status ListChange_DuL(DuLinkList &L)
    {
        int i;
        DuLinkList p, q, r;
        p=L->next;      /*p 指向第一个结点*/
        r=L->pre;       /*r 指向最后一个结点*/
        i=1;            /*序号记录*/
        while(p!=r)
        {   if(i%2==0)
            {   q=p;
                p=p->next;
                q->pre->next=q->next;        /*删除结点 q*/
                q->next->pre=q->pre;
                q->pre=r->next->pre;  /*插入到头结点的左面*/
                r->next->pre=q;
                q->next=r->next;
                r->next=q;
            }
            else p=p->next;
            i++;
        }
```

```
    return OK;
    }
```

25. 已知有一个单向循环链表，其每个结点中含三个域：pre、data 和 next，其中 data 为数据域，next 为指向后继结点的指针域，pre 也为指针域，但它的值为空。试编写算法将此单向循环链表改为双向循环链表，即使 pre 成为指向前驱结点的指针域。

　　【解答】　算法图示过程如图 2.30 所示。

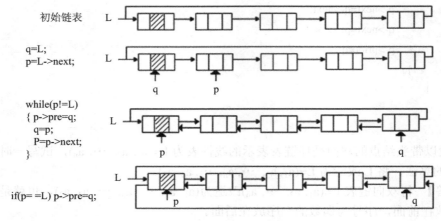

图 2.30　习题 25 算法过程

算法如下：

```
    Status ListCirToDu(DuLinkList &L)
    {   DuLinkList p, q;
        q=L;
        p=L->next;
        while(p!=L)   /*建立 p 与 q 之间的前驱链*/
        {   p->pre=q;
            q=p;
            p=p->next;
        }
        if(p==L) p->pre=q; /*头结点 pre 指向最后一个结点*/
        return OK;
    }
```

26. 假设某个单向循环链表的长度大于 1，且表中既无头结点也无头指针。已知 S 为指向链表中某个结点的指针，试编写算法在链表中删除指针 s 所指结点的前驱结点。

　　【解答】　算法图示过程如图 2.31 所示。
算法如下：

```
    Status ListDelete_CL(LinkList &s)
    {
```

```
    LinkList p, q;
    if(s==s->next)return ERROR;
    q=s;
    p=s->next;
    while(p->next!=s)
    {   q=p;
        p=p->next;
    }
    q->next=p->next;
    free(p);
    return OK;
}
```

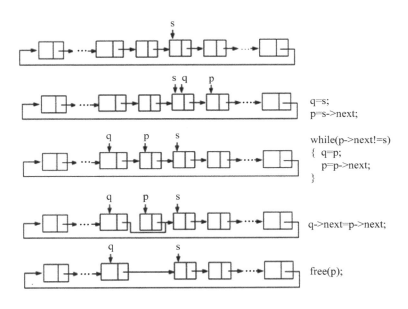

图 2.31 习题 26 算法过程

2.3 自测题及参考答案

一、填空题

1. 在顺序表中插入或删除一个元素，需要平均移动_____元素，具体移动的元素个数与_____有关。

2. 向一个长度为 n 的向量的第 i 个元素(1≤i≤n+1)之前插入一个元素时，需向后移动_____个元素。

3. 在一个长度为 n 的向量中删除第 i 个元素(1≤i≤n)时，需向前移动_____个元素。

4. 在顺序表中按序号访问任意一结点的时间复杂度均为_____，因此，顺序表也称为_____的数据结构。

5. 顺序表中逻辑上相邻的元素的物理位置_____相邻。单链表中逻辑上相邻的元素的物理位置_____相邻。

6. 在单链表中，除了首元结点外，任一结点的存储位置由_____指示。

7. 在 n 个结点的单链表中要删除已知结点 *p，需找到它的_____，其时间复杂度为_____。

8. 当线性表的元素总数基本稳定，且很少进行插入和删除操作，但要求以最快的速度存取线性表中的元素时，应采用_____存储结构。若线性表中的元素经常增删，则应采用_____存储结构。

9. 单链表的头指针为 head，带头结点时，表空的条件是_____，不带头结点时，表空的条件是_____。

10. 非空单循环链表 L 中 *p 是尾结点的条件是_____。

11. 在一个单链表中 p 所指结点之后插入一个由指针 s 所指结点，应执行 s->next=_____；和 p->next=_____的操作。

12. 在一个单链表 H 中 p 所指结点之前插入一个由指针 s 所指结点，可执行以下操作：

        s->next=_____；

        p->next=s;

        t=p->data;

        p->data=_____；

        s->data=_____；

13. 在顺序表中做插入操作时首先检查_____。

14. 双向循环链表的头指针为 head，若带头结点，则表空的条件是_____或_____；若不带头结点，则表空的条件是_____。

二、单项选择题

1. 数据在计算机存储器内表示时，物理地址与逻辑地址相同并且是连续的，称之为_____。

    A. 存储结构　　　　B. 逻辑结构　　　　C. 顺序存储结构　　　　D. 链式存储结构

2. 一个向量第一个元素的存储地址是 100，每个元素的长度为 2，则第 5 个元素的地址是_____。

    A. 110　　　　　　B. 108　　　　　　C. 100　　　　　　D. 120

3. 在 n 个结点的顺序表中，算法的时间复杂度是 O(1) 的操作是_____。

    A. 访问第 i 个结点(1≤i≤n)和求第 i 个结点的直接前驱(2≤i≤n)

    B. 在第 i 个结点后插入一个新结点(1≤i≤n)

    C. 删除第 i 个结点(1≤i≤n)

    D. 将 n 个结点从小到大排序

4. 向一个有 127 个元素的顺序表中插入一个新元素并保持原来顺序不变，要平均移动_____个元素。

    A. 8　　　　　　　B. 63.5　　　　　　C. 63　　　　　　D. 7

5. 链式存储的存储结构所占存储空间_____。

    A. 分两部分，一部分存放结点值，另一部分存放表示结点间关系的指针

    B. 只有一部分，存放结点值

    C. 只有一部分，存储表示结点间关系的指针

    D. 分两部分，一部分存放结点值，另一部分存放结点所占单元数

6. 链表是一种采用_____存储结构存储的线性表。

    A. 顺序   B. 链式   C. 星式   D. 网状

7. 线性表若采用链式存储结构时，要求内存中可用存储单元的地址_____。

    A. 必须是连续的   B. 部分地址必须是连续的

    C. 一定是不连续的   D. 连续或不连续都可以

8. 线性表L在_____情况下宜使用链式结构实现。

    A. 需经常修改L中的结点值   B. 需不断对L进行删除或插入

    C. L中含有大量的结点   D. L中结点结构复杂

9. 单链表的存储密度_____。

    A. 大于1   B. 等于1   C. 小于1   D. 不能确定

10. 将两个各有n个元素的有序表归并成一个有序表，其最少的比较次数是_____。

    A. n   B. 2n−1   C. 2n   D. n−1

11. 非空的循环单链表head的尾结点p满足_____。

    A. p->next=head   B. p->next=NULL

    C. p=NULL   D. p=head

12. 若某线性表最常用的操作是存取任一指定序号的元素和在最后进行插入和删除运算，则最省时间的存取方式是_____。

    A. 顺序表   B. 双向链表

    C. 带头结点的双向循环链表   D. 单循环链表

13. 在一个单链表中，若删除p所指结点的后继结点，则执行_____。

    A. p= p->next->next   B. p->next=p->nexts

    C. p=p->next; p->next=p->next->next   D. p->next=p->next->next

14. 对于顺序存储的线性表，访问结点和删除结点的时间复杂度分别为_____。

    A. O(n)，O(n)   B. O(n)，O(1)

    C. O(1)，O(n)   D. O(1)，O(1)

【参考答案】

一、填空题

1. 表中一半，表长和该元素在表中的位置

2. n−i+1

3. n−i

4. O(1)，随机存取

5. 必定，不一定

6. 其直接前驱结点的链域的值

7. 前驱结点的地址，O(n)

8. 顺序，链式

9. head->next= =NULL，head= =NULL

10. p->next= =L

11. p->next，s

12. p->next，s->data，t

13. 表是否已满

14. head->next==head，head->prior==head，head= =NULL

二、单项选择题

1. C　　2. B　　3. A　　4. B　　5. A　　6. B　　7. D　　8. B
9. C　　10. A　　11. A　　12. A　　13. D　　14. C

第三章 栈 与 队 列

3.1 基 本 知 识 点

栈和队列是插入和删除操作受限的线性表。栈只允许在表的一端进行插入或删除操作；队列只允许在表的一端进行插入操作，在另一端进行删除操作。

1. 栈

栈的特点：先进后出。

栈的存储结构有：顺序栈、链栈、共享栈，特别强调栈顶位置。

栈的应用：进行括号匹配、表达式求值，栈在递归中的应用。

2. 队列

队列的特点：先进先出。

队列的存储结构有：循环队列、链队列。注意队头、队尾位置，循环队列如何判断队空、队满。

队列的应用：作业排队、树的层次遍历、图的广度优先遍历。

3.2 习 题 解 析

1. 简述栈和线性表的差别，队列和线性表的差别。

【解答】 栈和队列是操作位置受限的线性表，即对插入和删除的位置加以限制。栈是仅允许在表的一端进行插入和删除的线性表，因而是后进先出表。队列是只允许在表的一端进行插入，另一端进行删除操作的线性表，因而是先进先出表。

2. 何谓队列的上溢出现象和假溢出现象？解决它们有哪些方法？

【解答】 在队列的顺序存储结构中，设头指针为 front，队尾指针为 rear，队列的容量(存储空间的大小)为 m。当有元素加入到队列时，若 rear=m(初始时 rear=0)，则发生队列的上溢出现象，该元素不能加入到队列中。这里需要特别注意的是队列的假溢出现象，即队列中还有空余的空间，但元素不能进队列的现象。造成这种现象的原因是由于队列的操作方式所致。

解决队列上溢出的方法有以下几种：

(1) 建立一个足够大的存储空间，但这样做往往造成空间使用效率低。

(2) 当出现假溢出时，可采用以下办法：

① 采用平移元素的方法，每当队列中加入一个元素时，队列中已有的元素向队头移动一个位置(当然要有空余的空间可移)。

② 每当删除一个队头元素时，则依次移动队中的元素，始终使 front 指针指向队列中的第一个位置。

③ 采用循环队列方式。把队列看成一个首尾相邻的循环队列，虽然物理上队尾在队首之前，但逻辑上队首仍然在前，作插入和删除运算时仍按"先进先出"的原则。

3. 试各举一个实例，简要阐述栈和队列在程序设计中所起的作用。

【解答】 栈的特点是先进后出，所以在解决实际问题涉及到后进先出的情况时，可以考虑使用栈。例如表达式的括号匹配问题。利用"期待的紧迫程度"这个概念来描述，在具体实现中，设置一个栈，每读入一个括号，若是右括号，则或者是置于栈顶的最急迫的期待得以消解，或者是不合法的情况；若是左括号，则作为一个新的更急迫的期待压入栈中，使原有的在栈中的所有未消解的期待的急迫程度都降了一级。

队列的特点是先进先出。例如操作系统中的作业排队，在允许多道程序运行的计算机系统中，同时有几个作业运行，如果运行的结果都需要通过通道输出，那就要按请求输出的先后次序排队。每当通道传输完毕并可以接受新的输出任务时，队头的作业先从队列中退出作输出操作。凡是申请输出的作业都从队尾进入队列。

4. 链栈中为何不设置头结点？

【解答】 链栈不需要在头部附加头结点，因为栈都是在头部进行操作的，如果加了头结点，等于要对头结点之后的结点进行操作，反而使算法更复杂，所以只要有链表的头指针就可以了。

5. 循环队列的优点是什么？如何判别它的空和满？

【解答】 循环队列的优点是：它可以克服顺序队列的"假溢出"现象，能够使存储队列的向量空间得到充分的利用。判别循环队列的"空"或"满"不能以头尾指针是否相等来确定，一般是通过以下几种方法：一是另设一布尔变量来区别队列的空和满。二是少用一个元素的空间，每次入队前测试入队后头尾指针是否会重合，如果会重合就认为队列已满。三是设置一计数器记录队列中元素的总数，不仅可判别空或满，还可以得到队列中元素的个数。

6. 设长度为 n 的队列用单循环链表表示，若设头指针，则入队、出队操作的时间如何？若只设尾指针呢？

【解答】 当只设头指针时，出队的时间为 1，而入队的时间需要 n，因为每次入队均需从头指针开始查找，找到最后一个元素时方可进行入队操作。若只设尾指针，则出入队时间均为 1。因为是循环链表，尾指针所指的下一个元素就是头指针所指元素，所以出队时不需要遍历整个队列。

7. 假设火车调度站的入口处有 n 节硬席或软席车厢(分别以 H 和 S 表示)等待调度，试编写算法，输出对这 n 节车厢进行调度的操作(即入栈或出栈操作)序列，以使所有的软席车厢都被调整到硬席车厢之前。

【解答】 根据题意，可以设计算法如下：

```
#define StackSize 100        /*假定预分配的栈空间最多为 100 个元素*/
typedef char DataType;       /*假定栈元素的数据类型为字符*/
typedef struct{
    DataType data[StackSize];
    int top;
}SeqStack;   /*顺序栈*/
void Train_arrange(char *train)
/*这里用字符串 train 表示火车车厢, 'H'表示硬席, 'S'表示软席*/
{   SeqStack   S;
    p=train; q=train;
    S->top=-1;     /*初始化栈 S*/
    while(*p)
    {   if(*p= ='H')
        {  if (S->top< StackSize-1) S->data[++S->top]=*p; /*将*p 入栈*/
           else
           {  printf("Stack Overflow! ") ;     /*栈满溢出*/
              exit; }
        }
        else printf(〝%c〞, *p);                /*将软席车厢输出*/
           p++;
    }
    while(S->top>-1)                           /*栈非空*/
    {  pop(S, c);
       printf("%c", c);   }
}
```

8. 回文是指正读反读均相同的字符序列，如"abba"和"abdba"均是回文，但"good"不是回文。试写一个算法判定给定的字符向量是否为回文。(提示：将一半字符入栈)

【解答】 根据提示，可设计算法如下：

```
/*以下为顺序栈的存储结构定义*/
#define StackSize 100        /*假定预分配的栈空间最多为 100 个元素*/
typedef char DataType;       /*假定栈元素的数据类型为字符*/
typedef struct{
    DataType data[StackSize];
    int top;
}SeqStack;
int IsHuiwen( char *t)
```

```
    {   /*判断 t 字符向量是否为回文，若是，返回 1，否则返回 0*/
        SeqStack s;
        int i, b, len;
        char temp;
        s->top=-1;                          /*初始化栈 s, InitStack( &s)*/
        len=strlen(t);                      /*求向量长度*/
        for (i=0; i<len/2; i++)             /*将一半字符入栈*/
        {   if (s->top< StackSize-1)
                s->data[++s->top]= t[i];
            else
            {   printf( "Stack Overflow!" ); /*栈满溢出*/
                exit; }
        }
        if (len%2= =1) i++;
        while( s->top>-1)                   /*栈不空*/
        {   /*每弹出一个字符与相应字符比较*/
            temp=s->data[s->top--];
            if(temp!=t[i])   return 0 ;     /*不等则返回 0*/
            else i++;
        }
        return 1 ; /*比较完毕均相等则返回 1*/
    }
```

9. 设计算法判断一个算术表达式的圆括号是否正确配对。(提示：对表达式进行扫描，凡遇到"("就进栈，遇到")"就退掉栈顶的"("，表达式被扫描完毕，栈应为空。)

【解答】　根据提示，可以设计算法如下：

```
    int PairBracket( char *SR)
    {   /*检查表达式 SR 中括号是否配对*/
        int i;
        SeqStack S;         /*栈 SeqStack 如前题所示 */
        InitStack (&s);     /*初始化栈*/
        for (i=0; i<strlen(SR) ; i++)
        {
            if ( S[i]= ='(' ) Push(&S, SR[i]); /*遇 "(" 时进栈*/
                if ( S[i]= =')' )              /*遇 ")" */
                    if (!StackEmpty(S))        /*栈不为空时，将栈顶元素出栈*/
                        Pop(&s);
                else return 0;                 /*不匹配，返回 0*/
        }
```

```
        if EmptyStack(&s) return 1;     /* 匹配，返回 1*/
        else return 0;                  /*不匹配，返回 0*/
    }
```

10. 假设以带头结点的循环链表表示队列，并且只设一个指针指向队尾元素结点(注意不设头指针)，试编写相应的置空队、判队空、入队和出队等算法。

【解答】算法如下：

先定义链队结构：

```
    typedef struct queuenode{
        Datatype data;
        struct queuenode *next;
    }QueueNode; /*以上是结点类型的定义*/
    typedef struct{
        queuenode *rear;
    }LinkQueue; /*只设一个指向队尾元素的指针*/
```

(1) 置空队。

```
    void InitQueue( LinkQueue *Q)
    {    /*置空队：就是使头结点成为队尾元素*/
        QueueNode *s;
        Q->rear=Q->rear->next;          /*将队尾指针指向头结点*/
        while (Q->rear!=Q->rear->next)  /*当队列非空，将队中元素逐个出队*/
        {    s=Q->rear->next;
            Q->rear->next=s->next;
            free(s);
        }   /*回收结点空间*/
    }
```

(2) 判队空。

```
    int EmptyQueue( LinkQueue *Q)
    {    /*判队空，当头结点的 next 指针指向自己时为空队*/
        return Q->rear->next = =Q->rear;
    }
```

(3) 入队。

```
    void EnQueue( LinkQueue *Q, Datatype x)
    {    /*入队，也就是在尾结点处插入元素*/
        QueueNode *p=(QueueNode *)malloc(sizeof(QueueNode)); /*申请新结点*/
        p->data=x; p->next=Q->rear->next; /*初始化新结点并链入*/
        Q-rear->next=p;
        Q->rear=p; /*将尾指针移至新结点*/
    }
```

(4) 出队。

```
Datatype DeQueue( LinkQueue *Q)
{   /*出队，把头结点之后的元素摘下*/
    Datatype t;
    QueueNode *p;
    if(EmptyQueue( Q ))
        Error("Queue underflow");
    p=Q->rear->next->next;              /*p 指向将要摘下的结点*/
    x=p->data; /*保存结点中的数据*/
    if (p= =Q->rear)
    {   /*当队列中只有一个结点时，p 结点出队后，要将队尾指针指向头结点*/
        Q->rear=Q->rear->next; Q->rear->next=p->next; }
    else
        Q->rear->next->next=p->next;    /*摘下结点 p*/
    free(p);                            /*释放被删结点*/
    return x;
}
```

11.假设循环队列中只设 rear 和 quelen 来分别指示队尾元素的位置和队中元素的个数，试给出判别此循环队列的队满条件，并写出相应的入队和出队算法，要求出队时需返回队头元素。

【解答】　根据题意，可定义该循环队列的存储结构：

```
#define QueueSize 100
typedef char Datatype ;          /*设元素的类型为 char 型*/
typedef struct {
    int quelen;
    int rear;
    Datatype Data[QueueSize];
}CirQueue;
CirQueue *Q;
```

循环队列的队满条件为

```
Q->quelen==QueueSize
```

知道了尾指针和元素个数，就能计算出队头元素的位置。算法如下：

(1) 判断队满。

```
int FullQueue( CirQueue *Q)    /*判队满，队中元素个数等于空间大小*/
{
    return Q->quelen==QueueSize;
}
```

(2) 入队。

```
void EnQueue( CirQueue *Q, Datatype x)
    {
        if(FullQueue(Q))
            Error("队已满，无法入队");
        Q->Data[Q->rear]=x;
        Q->rear=(Q->rear+1)%QueueSize; /*在循环意义上的加1*/
        Q->quelen++;
    }
```

(3) 出队。

```
Datatype DeQueue( CirQueue *Q)
{   int tmpfront; /*设一个临时队头指针*/
    if(Q->quelen= =0)
        Error("队已空，无元素可出队");
    tmpfront=(QueueSize+Q->rear-Q->quelen+1)%QueueSize; /*计算头指针位置*/
    Q->quelen--;
    return Q->Data[tmpfront];
}
```

3.3　自测题及参考答案

一、填空题

1．线性表、栈和队列都是_____结构，线性表可以在_____位置插入和删除元素；对于栈，只能在_____插入和删除元素；对于队列，只能在_____插入和_____删除元素。

2．栈是一种特殊的线性表，允许插入和删除运算的一端称为_____；不允许插入和删除运算的一端称为_____。

3．_____是被限定为只能在表的一端进行插入运算，在表的另一端进行删除运算的线性表。

4．解决计算机与打印机之间速度不匹配问题，需要设置一个数据缓冲区，且应是一个_____结构。

5．循环队列用数组 A[0..m−1]存放其元素值，已知其头尾指针分别是 front 和 rear，则当前队列的个数是_____。

6．一个栈的输入序列是 1、2、3，则不可能的栈输出序列是_____。

7．设有一个空栈，现有输入序列为 1、2、3、4、5，经过 push、push、pop、push、pop、push、push 之后，输出序列是_____。

8．输入序列为 ABC，当变为 BCA 时，经过的栈操作为_____。

9．两个栈共享空间时栈满的条件为_____。

10．区分循环队列的满与空有两种方法，分别是_____和_____。

二、单项选择题

1. 一个队列的入队序列是 1，2，3，4，则队列的输出序列是_____。

   A. 4, 3, 2, 1　　　　 B. 1, 2, 3, 4　　　　 C. 1, 4, 3, 2　　　　 D. 3, 2, 4, 1

2. 表达式 a*(b+c)−d 的后缀表达式是_____。

   A. abcd*+−　　　　 B. −+*abcd　　　　 C. abc*+d−　　　　 D.abc+*d−

3. 设一个栈的输入序列为 A，B，C，D，E，则借助一个栈所得到的输出序列不可能的是_____。

   A．A, B, C, D, E　　　　　　　　 B．E, D, C, B, A

   C. D, C, E, A, B　　　　　　　　 D. D, E, C, B, A

4. 在设计递归函数时，如不用递归过程就应借助于数据结构_____。

   A．队列　　　　　 B．线性表　　　　　 C．广义表　　　　 D．栈

5. 栈中元素的进出原则是_____。

   A．先进先出　　　　 B．后进先出　　　　 C．栈空则进　　　 D．栈满则出

6. 若已知一个栈的入栈序列是 1，2，3，…，n，其输出序列为 p_1, p_2, p_3, …, p_n，若 $p_1 = n$，则 p_i 为_____。

   A．i　　　　　　　 B．n=i　　　　　　 C．n−i+1　　　 D．不确定

7. 栈和队列的共同点是_____。

   A．都是后进先出　　　　　　　　 B．都是先进先出

   C．只允许在端点处插入和删除元素　 D．没有共同点

8. 判定一个循环队列 Q(最多有 m_0 个元素采用"少用一个元素空间"来判别队空队满)为满的条件是_____。

   A．Q->front= =Q->rear　　　　　 B．Q->front!= =Q->rear

   C．Q->front= =(Q->rear+1)%m_0　 D．Q->front != =(Q->rear+1)%m_0

【参考答案】

一、填空题

1. 线性，任何；栈顶；队尾，队首

2. 栈顶，栈底

3. 队列

4. 队列

5. (rear-front+m)%m

6. 3、1、2

7. 2、3

8. push、push、pop、push、pop、pop

9. 两栈顶指针值相减的绝对值为1(或两栈顶指针相邻)。

10. 牺牲一个存储单元　设标记

二、单项选择题

1. B　 2. D　 3. C　 4. D　 5. B　 6. C　 7. C　 8. C

第四章　串

4.1　基本知识点

串是一种特殊的线性表，它的数据元素仅由字符组成。在一般线性表的基本操作中，大多以"单个元素"作为操作对象，而在串中，则是以"串的整体"或一部分作为操作对象。因此，一般线性表和串的操作有很大的不同。

(1) 串的基本概念：串、空串与空格串、串相等的条件、字符串和串的区别。了解 C 语言中有哪些字符串函数(如取子串，串连接，串替换，求串长)。

(2) 串的存储实现：定长顺序串、堆串、链串、块链串。

(3) 理解 KMP 算法。

4.2　习题解析

1．串是一种特殊的线性表，其特殊性表现在哪里？

【解答】　其特殊性表现在组成串的数据元素只能是字符。

2．两个字符串相等的充分必要条件是什么？

【解答】两个字符串相等的充分必要条件是两串的长度相等且两串中对应位置的字符也相等。

3．串常用的存储结构有哪些？

【解答】　串常用的存储结构主要有顺序存储结构和链式存储结构两种。

串的顺序存储是用一组地址连续的存储单元存储串值中的字符序列。C 语言规定，在串的末尾用"\0"来表示串的结束。用这一特殊符号来判定串是否结束，从而求得串的长度。在顺序存储结构中，可以在计算机中开辟一个存储串的自由存储区，即串的堆存储结构。

串的链式存储是用不带头结点的单链表来存储串结点。具体实现时，每个结点既可以存放一个字符，也可以存放多个字符。每个结点称为块，整个链表称为块链结构。

4．设主串 S = "aabaaabaaaababa"，模式串 T = "aabab"。请问：如何用最少的比较次数找到 T 在 S 中出现的位置？相应的比较次数是多少？

【解答】　朴素的模式匹配时间复杂度是 O(m*n)。KMP 算法有一定改进，时间复杂度达到 O(m + n)。本题也可采用从后面匹配的方法，即从右向左扫描，比较 6 次成功。另一种匹配方式是从左往右扫描，但是先比较模式串的最后一个字符，若不等，则模式串后移；若相等，再比较模式串的第一个字符，若第一个字符也相等，则从模式串的第二个字符开始，向右比较，直至相等或失败。若失败，模式串后移，再重复以上过程。按这种方法，本题比较 18 次成功。

5. 给出模式串 P = "abaabcac" 在 KMP 算法中的 next 函数值序列。

【解答】　函数值序列如下：

下标 i	1	2	3	4	5	6	7	8
字符串	a	b	a	a	b	c	a	c
next[i]	0	1	1	2	2	3	1	2

6. 给出模式串 "abacabaaad" 在 KMP 算法中的 next 和 nextval 函数值序列。

【解答】　函数值序列如下：

下标 i	1	2	3	4	5	6	7	8	9	10
字符串	a	b	a	c	a	b	a	a	a	d
next[i]	0	1	1	2	1	2	3	4	2	2
nextval[i]	0	1	0	2	0	1	0	4	2	2

7. 已知：s="(xyz)+*"，t="(x+z)*y"。试利用连接、求子串和置换等基本运算，将 s 转化为 t。

【解答】　StrCat(S, T)：连接函数，将两个串连接成一个串。

substr(s, i, j)：取子串函数，从串 s 的第 i 个字符开始，取连续 j 个字符形成子串。

replace(s1, i, j, s2)：置换函数，用 s2 串替换 s1 串中从第 i 个字符开始的连续 j 个字符。

本题有多种解法，下面是其中的一种：

(1)　s1=substr(s, 3, 1)　　　　　　//取出字符：y

(2)　s2=substr(s, 6, 1)　　　　　　//取出字符：+

(3)　s3=substr(s, 1, 5)　　　　　　//取出子串：(xyz)

(4)　s4=substr(s, 7, 1)　　　　　　//取出字符：*

(5)　s5=replace(s3, 3, 1, s2)　　　//形成部分串：(x+z)

(6)　s6= StrCat(s4, s1)　　　　　　//形成串：*y

(7)　t= StrCat(s5, s6)　　　　　　　//形成串 t 即 (x+z)*y

8. 下列程序判断字符串 s 是否对称，对称则返回 1，否则返回 0；如 f("abba") 返回 1，f("abab") 返回 0。请填空完善程序。

```
int f (_____(1)_____)
{  int  i=0, j=0;
    while (s[j])
       _____(2)_____;
    for(j--; i<j&&s[i]==s[j]; i++, j--);
```

```
                    return(_____(3)_____)
        }
```

【解答】

(1)   char s[ ]   (2)   j++   (3)   i >= j

9. 采用顺序结构存储串，设计实现求串 s 和串 t 的一个最长公共子串的算法。

【解答】 本题算法采用顺序存储结构求串 s 和串 t 的最大公共子串。串 s 用 i 指针 (1≤i≤s.len)。串 t 用 j 指针(1≤j≤t.len)。对每个 i(1≤i≤s.len)，求从 i 开始的连续字符串 与从 j(1≤j≤t.len)开始的连续字符串的最大匹配。当 s 中某字符(s[i])与 t 中某字符(t[j])相等 时，求出局部公共子串。若该子串长度大于已求出的最长公共子串(初始为 0)，则最长公共 子串的长度要修改。

```
        void   maxcomstr(orderstring *s, *t; int index, length)
        {    int i, j, k, length1, con;
             index=0; length=0; i=1;
             while (i<=s.len)
             {    j=1;
                  while(j<=t.len)
                  {    if (s[i]= =t[j])
                       {    k=1; length1=1; con=1;
                            while(con)
                                if(i+k<=s.len && j+k<=t.len && s[i+k]==t[j+k])
                                {    length1=length1+1;
                                     k=k+1;
                                }
                                else   con=0;
                            if (length1>length)
                            {    index=i;
                                 length=length1;
                            }
                            j+=k ;
                       }
                       else j++;
                  }
                  i++;
             }
        }
```

10. 在顺序串上实现串的判等运算 EQUAL(S, T)。

【解答】 算法如下：

```
const maxlen=串的最大长度;
typedef struct
{   char ch [maxlen];
    int curlen;
} string;
int EQUAL_string(string s, string t )
{   if (s.curlen!=t.curlen)
        return(0);
    for (t=0; t<s.curlen; t++)
        if (s.ch[t]!=t.ch[t] )
            return(0);
    return(1);
}
```

11．若 S 和 T 是用结点大小为 1 的单链表存储的两个串(S、T 为头指针)，设计一个算法将串 S 中首次与串 T 匹配的子串逆置。

【解答】 首先判断串 T 是否为串 S 的子串，若串 T 是串 S 的子串，则对 S 中该子串逆置。

```
Int NZ_strlist (strlist s, strlist t)
{   p=s->next;
    t=t->next;
    q=s;
    while(p!=null)
    {   pp =p ; tt =t;
        /*判断串 T 是否为串 S 的子串*/
        while ((tt!=null)&&(pp!=null)&&(pp->ch= =tt->ch))
        {   pp=pp->next;
            tt=tt->next;
        }
        if (tt==null)
        {   qq=q->next;   /*q 是子串的第一个结点前驱，pp 是子串最后一个结点后继*/
            while(qq!=pp)
            {   g=qq;
                qq= qq->next;
                q->next =pp;
                pp=g;
            }
            q->next=pp;   /*将该子串的前驱与逆置后的子串相连*/
            return(1);        /*找到并逆置返 1 */
        }
```

```
        else
        {   q=p;
            p=p->next;
        }
    }
    return(0);                /*找不到匹配的串则返回0*/
}
```

12．设计算法实现顺序串的基本操作 StrCompare(S，T)。

【解答】 若串 s 和 t 相等，则返回 0；若 s>t，则返回大于 0 的数；若 s<t，则返回小于 0 的数。

```
int StrCompare(SeqString s, SeqString t)
{   int i;
    for(i=0; i<=s.last&&i<=t.last; i++)
        if(s.ch[i]!=t.ch[i])
            return(s.ch[i]-t.ch[i]);
    return(s.last-t.last);
}
```

4.3　自测题及参考答案

一、填空题

1．空格串是指_____，其长度等于_____。

2．组成串的数据元素只能是_____。

3．一个字符串中_____称为该串的子串。

4．INDEX('DATASTRUCTURE '，'STR ')=_____。

5．设正文串长度为 n，模式串长度为 m，则串匹配的 KMP 算法的时间复杂度为_____。

6．字符串 'ababaaab' 的 nextval 函数值为_____。

7．设 T 和 P 是两个给定的串，在 T 中寻找等于 P 的子串的过程称为_____，又称 P 为_____。

8．串是一种特殊的线性表，其特殊性表现在_____；串的两种最基本的存储方式是_____和_____。

9．两个字符串相等的充分必要条件是_____。

10．知 U='xyxyxyxxyxy'；t='xxy'；

　　ASSIGN(S，U)；

　　ASSIGN(V，SUBSTR(S，INDEX(s，t)，LEN(t)+1))；

　　ASSIGN(m，'ww')

求 REPLACE(S，V，m)= _____。

二、单项选择题

1. 下面关于串的叙述中，哪一个是不正确的？_____
  A．串是字符的有限序列　　　　　　　B．空串是由空格构成的串
  C．模式匹配是串的一种重要运算
  D．串既可以采用顺序存储，也可以采用链式存储

2. 若串 S1='ABCDEFG', S2='9898', S3='###', S4='012345', 执行
  concat(replace(S1, substr(S1, length(S2), length(S3)), S3), substr(S4, index(S2, '8'), length(S2)))
则其结果为_____。
  A．ABC###G0123　　　　　　　　　B．ABC###G1234
  C．ABC###G2345　　　　　　　　　D．ABCD###1234

3. 设有两个串 p 和 q，其中 q 是 p 的子串，求 q 在 p 中首次出现的位置的算法称为
_____。
  A．求子串　　　　　B．联接　　　　　C．匹配　　　　　D．求串长

4. 已知串 S= 'aaab '，其 next 数组值为_____。
  A．0123　　　　　　B．1123　　　　　C．1231　　　　　D．1211

5. 串 'ababaaababaa' 的 next 数组为_____。
  A．012345678999　　　　　　　　　B．012121111212
  C．011234223456　　　　　　　　　D．0123012322345

6. 若串 S = 'software'，其子串的数目是_____。
  A．8　　　　　　　　B．37　　　　　　C．36　　　　　　D．9

7. 串的长度是指_____。
  A．串中所含不同字母的个数　　　　　B．串中所含字符的个数
  C．串中所含不同字符的个数　　　　　D．串中所含非空格字符的个数

【参考答案】

一、填空题

1. 由空格字符(ASCII 值 32)所组成的字符串，空格个数
2. 字符
3. 任意个连续的字符组成的子序列
4. 5
5. O(m+n)
6. 01010421
7. 模式匹配，模式串
8. 其数据元素都是字符，顺序存储，链式存储
9. 两串的长度相等且两串中对应位置的字符也相等
10. 'xyxyxywwy'

二、单项选择题

1. B　　2. B　　3. C　　4. A　　5. C　　6. B　　7. B

第五章　数组和广义表

5.1　基 本 知 识 点

数组与广义表可视为线性表的推广。在线性表中，每个数据元素都是不可再分的原子类型；而数组与广义表中的数据元素可以推广到一种具有特定结构的数据。

1. 数组的定义和运算

二维数组可以定义为"数据元素为一维数组(线性表)"的线性表。多维数组依此类推。

在数组上不能做插入、删除数据元素的操作。通常在各种高级语言中数组一旦被定义，每一维的大小及上下界都不能改变。在数组中通常做下面两种操作：

(1) 取值操作：给定一组下标，读其对应的数据元素。

(2) 赋值操作：给定一组下标，存储或修改与其相对应的数据元素。

2. 数组的顺序存储和实现

掌握多维(二维或三维)数组中某数组元素的存储位置的求解(行序为主或列序为主)。

3. 特殊矩阵的压缩存储

掌握三角矩阵(分为下三角矩阵、上三角矩阵和对称矩阵三类)、(三对角)带状矩阵、稀疏矩阵的特点及其压缩存储方式。

4. 稀疏矩阵的存储方式

稀疏矩阵的存储方式有三元组表和十字链表两种。

5. 广义表

广义表是线性表的推广，即广义表中放松对表元素的原子限制，容许它们具有其自身结构(每个子表或元素也是线性结构)。

基本操作包括广义表的长度、子表、表头与表尾。特别注意表头与表尾的定义，一个广义表可看作表头和表尾两部分。

广义表的存储结构：头尾链表、扩展线性链表。

5.2　习 题 解 析

1. 数组、广义表与线性表之间有什么样的关系？

【解答】 数组与广义表可视为线性表的推广。在线性表中，每个数据元素都是不可再分的原子类型；而数组与广义表中的数据元素可以推广到一种具有特定结构的数据中。

数组作为一种数据结构，其特点是结构中的元素本身可以是具有某种结构的数据，但属于同一数据类型，比如，一维数组可以看作是一个线性表，二维数组可以看作是"数据元素是一维数组"的一维数组，三维数组可以看作是"数据元素是二维数组"的一维数组，依此类推。

　　线性表是由 n 个数据元素组成的有限序列。其中每个组成元素被限定为单元素，有时这种限制需要拓宽。例如，中国举办的某体育项目国际邀请赛，参赛队清单可采用如下的表示形式：

　　　　(俄罗斯，巴西，(国家，河北，四川)，古巴，美国，( )，日本)

　　在这个拓宽了的线性表中，韩国队应排在美国队的后面，但由于某种原因未参加，成为空表。国家队、河北队、四川队均作为东道主的参赛队参加，构成一个小的线性表，成为原线性表的一个数据项。这种拓宽了的线性表就是广义表。

　　广义表(Generalized Lists)是 $n(n \geqslant 0)$ 个数据元素 a_1, a_2, …, a_i, …, a_n 的有序序列，一般记作：

$$ls = (a_1, a_2, …, a_i, …, a_n)$$

其中：ls 是广义表的名称，n 是它的长度；$a_i(1 \leqslant i \leqslant n)$ 是 ls 的成员，它可以是单个元素，也可以是一个广义表，分别称为广义表 ls 的单元素和子表。当广义表 ls 非空时，称第一个元素 a_1 为 ls 的表头(head)，称其余元素组成的表 $(a_2, …, a_i, …, a_n)$ 为 ls 的表尾(tail)。

　　2. 设有三对角矩阵 $A_{n \times n}$(从 $A_{1,1}$ 开始)，将其三对角线上元素逐行存于数组 B[1..m]中，使 $B[k] = A_{i,j}$。

　　(1) 用 i、j 表示 k 的下标变换公式；

　　(2) 用 k 表示 i、j 的下标变换公式。

【解答】

　　(1) 在三对角矩阵中，除了第一行和最后一行各有两个元素外，其余各行均有 3 个非零元素，所以共有 3n-2 个非零元素。

　　主对角线左下角的对角线上的元素的下标满足关系式 i = j+1，此时的 k 为 k = 3(i-1)；

　　主对角线上的元素的下标满足关系式 i = j，此时的 k 为 k = 3(i-1)+1；

　　主对角线右上角的对角线上的元素的下标满足关系式 i = j-1，此时的 k 为 k = 3(i-1)+2。

　　综合起来得到：

$$k = \begin{cases} 3(i-1) & i = j+1 \\ 3(i-1)+1 & i = j \\ 3(i-1)+2 & i = j-1 \end{cases}$$

即 k=2(i-1)+j。

　　(2) k 与 i、j 的变换公式为

　　　　i=⌊k/3⌋+1

　　　　j=⌊k/3⌋+(k mod 3) (mod 表示求模运算)

　　3. 设二维数组 $a_{5 \times 6}$ 的每个元素占 4 个字节，已知 $Loc(a_{00})=1000$，a 共占多少个字节？

a_{45} 的起始地址为多少？按行和按列优先存储时，a_{25} 的起始地址分别为多少？

【解答】

(1) 因含 $5 \times 6 = 30$ 个元素，因此 a 共占 $30 \times 4 = 120$ 个字节。

(2) 　a_{45} 的起始地址为

$$Loc(a_{45}) = Loc(a_{00}) + (i \times n + j) \times d = 1000 + (4 \times 6 + 5) \times 4 = 1116$$

(3) 按行优先顺序排列时，

$$a_{25} = 1000 + (2 \times 6 + 5) \times 4 = 1068$$

(4) 按列优先顺序排列时(二维数组可用行列下标互换来计算)

$$a_{25} = 1000 + (5 \times 5 + 2) \times 4 = 1108$$

4. 特殊矩阵和稀疏矩阵哪一种压缩存储后会失去随机存取的功能？为什么？

【解答】　稀疏矩阵在采用压缩存储后将会失去随机存储的功能。因为在这种矩阵中，非零元素的分布是没有规律的，为了压缩存储，就将每一个非零元素的值和它所在的行、列号作为一个结点存放在一起，这样的结点组成的线性表叫三元组表，它已不是简单的向量，所以无法用下标直接存取矩阵中的元素。

5. 简述广义表和线性表的区别与联系。

【解答】　广义表是线性表的推广，线性表是广义表的特例。当广义表中的元素都是原子时，即为线性表。

6. 求下列广义表运算的结果：

(1)　HEAD[((a, b), (c, d))];

(2)　TAIL[((a, b), (c, d))];

(3)　TAIL[HEAD[((a, b), (c, d))]];

(4)　HEAD[TAIL[HEAD[((a, b), (c, d))]]];

(5)　TAIL[HEAD[TAIL[((a, b), (c, d))]]]。

【解答】

(1)　HEAD[((a, b), (c, d))]=(a, b)

(2)　TAIL[((a, b), (c, d))]= ((c, d))

(3)　TAIL[HEAD[((a, b), (c, d))]] =(b)

(4)　HEAD[TAIL[HEAD[((a, b), (c, d))]]]= b

(5)　TAIL[HEAD[TAIL[((a, b), (c, d))]]] =(d)

7. 利用广义表的 HEAD 和 TAIL 运算，把原子 d 分别从下列广义表中分离出来，L1＝(((((a), b), d), e))；L2＝(a, (b, ((d)), e)。

【解答】

　　　　HEAD (TAIL (HEAD (HEAD(L1))))= d

　　　　HEAD(HEAD(HEAD (TAIL (HEAD (TAIL(L2))))))= d

8. 假设稀疏矩阵 A 和 B 均以三元组顺序表作为存储结构，试写出矩阵相加的算法，另设三元组表 C 存放结果矩阵。

【解答】　对矩阵的每一行值进行相加，在行相等的情况下，比较列，若 A 与 B 矩阵列相同，则对应元素相加放入 C 矩阵；若 A 的列值小于 B 的列值，则 A 矩阵对应元素放入 C 矩阵中；若 A 的列值大于 B 的列值，则 B 矩阵对应元素放入 C 矩阵中。

算法如下：

```
#define MAXSIZE 1000
typedef struct
{   int   row, col;
    ElementType   e;
}Triple;
typedef struct
{   Triple data[MAXSIZE+1];
    int m, n, len;
}TSMatrix;
void TSMatrix_Add(TSMatrix A, TSMatrix B, TSMatrix *C)
{   C->m=A.m; C->n=A.n; C->len=0;
    pa=1; pb=1; pc=1;
    for(x=1; x<=A.m; x++)
    {   while(A.data[pa].row<x) pa++;
        while(B.data[pb].row<x) pb++;
        while(A.data[pa].row= =x&&B.data[pb].row= =x)
        {
            if(A.data[pa].col= =B.data[pb].col)
            {   ce=A.data[pa].e+B.data[pb].e;
                if(ce)
                {   C->data[pc].row=x;
                    C->data[pc].col=A.data[pa].col;
                    C->data[pc].e=ce;
                    pa++; pb++; pc++;
                }
            }
            else if(A.data[pa].col>B.data[pb].col)
            {   C->data[pc].row=x;
                C->data[pc].col=B.data[pb].col;
                C->data[pc].e=B.data[pb].e;
                pb++; pc++;
            }
            else
```

```
        {   C->data[pc].row=x;
            C->data[pc].col=A.data[pa].col;
            C->data[pc].e=A.data[pa].e;
            pa++; pc++;
        }
    } /*结束 while 循环*/
    while(A.data[pa]= =x)
    {   C->data[pc].row=x;
        C->data[pc].col=A.data[pa].col,
        C->data[pc].e=A.data[pa].e;
        pa++; pc++;
    }
    while(B.data[pb]= =x)
    {   C->data[pc].row=x;
        C->data[pc].col=B.data[pb].col;
        C->data[pc].e=B.data[pb].e;
        pb++; pc++;
    }
    }/*结束 for 循环*/
    C->len=pc;
}
```

9. 设二维数组 a[1..m, 1..n] 含有 m × n 个整数。

(1) 写出算法：判断 a 中所有元素是否互不相同，输出相关信息(yes/no)；

(2) 试分析算法的时间复杂度。

【解答】 判断二维数组中元素是否互不相同，只有逐个比较，找到一对相等的元素，就可得出结论为不是互不相同。如何达到每个元素同其它元素比较一次且只比较一次？在当前行，每个元素要同本行后面的元素比较一次，然后同第 i+1 行及以后各行元素比较一次，所以时间复杂度为 O(n×m×n)。

算法如下：

```
    #include <stdio.h>
    void JudgEqual(int *a, int m, int n)
    {   int i, j, k, l;
        for(i=0; i<m; i++)
        {   for(j=0; j<n; j++)
            {   for(k=j+1; k<n; k++)
                    if(a[i*n+k]==a[i*n+j])
                    {
                        printf("No!\n");
```

```
                return;
            }
        for(l=i+1; l<m; l++)
        {   for (k=0; k<n; k++)
            {   if(a[l*n+k]==a[i*n+j])
                {
                    printf("No!\n");
                    return;
                }
            }
        }
    }
    printf("Yes!\n");
}
```

10. 设 A[1..100] 是一个记录构成的数组, B[1..100] 是一个整数数组, 其值介于 1 至 100 之间, 现要求按 B[1..100] 的内容调整 A 中记录的次序, 比如当 B[1] = 11 时, 则要求将 A[1] 的内容调整到 A[11] 中去。规定可使用的附加空间为 O(1)。

【解答】 题目要求按 B 数组内容调整 A 数组中记录的次序, 可以从 i = 1 开始, 检查是否 B[i] = i, 如是, 则 A[i] 恰为正确位置, 不需再调; 否则, B[i] = k ≠ i, 则将 A[i] 和 A[k] 对调, B[i] 和 B[k] 对调, 直到 B[i] = i 为止。

算法如下:

```
void CountSort (rectype A[], int B[])
/*A 是 100 个记录的数组, B 是整数数组, 本算法利用数组 B 对 A 进行计数排序*/
{   int i, j, n=100;
    i=1;
    while(i<n)
    {
        if(B[i]!=i)   /*若 B[i]=i, 则 A[i]正好在自己的位置上, 不需要调整*/
        {   j=i;
            while (B[j]!=i)
            {   k=B[j]; B[j]=B[k]; B[k]=k;      /* B[j]和 B[k]交换*/
                r0=A[j]; A[j]=A[k]; A[k]=r0;          /*r0 是数组 A 的元素类型,A[j]和 A[k]交换*/
            }
        }
        i++;
    } /*完成了一个小循环, 第 i 个已经安排好*/
}
```

11．试编写一个以三元组形式输出用十字链表表示的稀疏矩阵中非零元素及其下标的算法。

【解答】　逐次遍历每一个行链表，依次输出行、列及非零元值。

算法如下：

```
typedef struct OLNode
{
    int row, col;
    ElementType value;
    struct OLNode *right, *down;
} OLNode; *OLink;
typedef struct
{
    OLink *row_head, *col_head;
    int m, n, len;
}CrossList;
void Print_OLNode(OLNode A)
{
    for(i=0; i<A.m; i++)
    {
        if(A.row_head[i])
        for(p=A.row_head[i]; p; p=p->right)
        printf("%d %d %d\n", p->row, p->col, p->value; )
    }
}
```

5.3　自测题及参考答案

一、填空题

1．假设有二维数组 a[0..6, 0..8]，每个元素用相邻的 6 个字节存储，存储器按字节编址。已知 a 的起始存储位置(基地址)为 1000，则数组 a 的体积(存储量)为_____，元素 a[5, 7]的第一个字节地址为_____；若按行存储时,元素 a[1, 4]的第一个字节地址为_____；若按列存储时, 元素 a[4, 7]的第一个字节地址为_____。

2．设数组 a[1..50, 1..80]的基地址为 2000，每个元素占 2 个存储单元，若以行序为主序顺序存储，则元素 a[45, 68]的存储地址为_____；若以列序为主序顺序存储，则元素 a[45, 68]的存储地址为_____。

3．已知三对角矩阵 a[1..9, 1..9]的每个元素占 2 个单元，现将其三条对角线上的元素逐行存储在起始地址为 1000 的连续的内存单元中，则元素 a[7, 8]的地址为_____。

4．所谓稀疏矩阵指的是_____。

5. 三元素组表中的每个结点对应于稀疏矩阵的一个非零元素，它包含有三个数据项，分别表示该元素的_____、_____和_____。

6. 当广义表中的每个元素都是原子时，广义表便成了_____。

7. 广义表(a, (a, b), d, e, ((i, j), k))的长度是_____，深度是_____。

8. 已知广义表 LS=(a，(b，c，d)，e)，运用 head 和 tail 函数取出 LS 中原子 b 的运算是_____。

9. 广义表 A((( ), (a, (b), c)))，head(tail(head(tail(head(A)))))等于_____。

二、单项选择题

1. 假设有 60 行 70 列的二维数组 a[1..60, 1..70]以列序为主序顺序存储，其基地址为 10000，每个元素占 2 个存储单元，那么第 32 行第 58 列的元素 a[32, 58]的存储地址为_____。(无第 0 行第 0 列元素)

　　A. 16 902　　　　B. 16 904　　　　C. 14 454　　　　D. 答案 A、B、C 均不对

2. 设矩阵 A 是一个对称矩阵，为了节省存储，将其下三角部分按行序存放在一维数组 B[1, n(n-1)/2]中，对下三角部分中任一元素 $a_{i,j}(i \leq j)$，在一维数组 B 中下标 k 的值是_____。

　　A. i(i−1)/2+j−1　　B. i(i−1)/2+j　　　C. i(i+1)/2+j−1　　　D. i(i+1)/2+j

3. 二维数组 a[10..20][5..10]按行优先存储，每个元素占 4 个存储单元，a[10][5]的存储地址是 1000，则元素 a[15][10]的存储地址是_____。

　　A. 1136　　　　　B. 1140　　　　　　C. 1144　　　　　　D. 1148

4. 对特殊矩阵采用压缩存储的目的主要是为了_____。

　　A. 使表达变得简单　　　　　　　B. 对矩阵元素的存取变得简单

　　C. 去掉矩阵中的多余元素　　　　D. 减少不必要的存储空间

5. 稀疏矩阵一般的压缩存储方式有两种，即_____。

　　A. 二维数组和三维数组　　　　　B. 三元组表和散列表

　　C. 散列表和十字链表　　　　　　D. 三元组表和十字链表

【参考答案】

一、填空题

1. <u>288 B</u>，<u>1282</u>，<u>(8 + 4) × 6 + 1000 = 1072</u>，<u>(6 × 7 + 4) × 6 + 1000) = 1276</u>

2. <u>9174，8788</u>

3. <u>1038</u>

4. <u>非零元素很少(t<<m × n)且分布没有规律</u>

5. <u>行下标、列下标、元素值</u>

6. <u>线性表</u>

7. <u>5，3</u>

8. <u>head(head(tail(LS)))</u>

9. <u>(b)</u>

二、单项选择题

1. A　　　　　　2. B　　　　　　3. B　　　　　　4. D　　　　　5. D

第六章　二叉树与树

6.1　基本知识点

　　树是一种非线性结构，直观来看，树是以分支关系定义的层次结构。它不仅在现实生活中广泛存在，如社会组织机构，而且在计算机领域也得到了广泛的应用，如 Windows 操作系统中的文件管理、数据库系统中的树形结构等。

1．二叉树与基本术语

　　二叉树(Binary Tree)是 n(n≥0)个数据元素的有限集合，该集合或者为空、或者由一个称为根(root)的元素及两个不相交的、被分别称为左子树和右子树的二叉树组成。

　　相关术语：根结点、双亲结点、孩子结点、结点的度、叶结点(也称为终端结点)、分支结点(也称为非终端结点)、兄弟结点、祖先结点、子孙结点、二叉树的度、结点的层次、二叉树的高度(深度)、完全二叉树、满二叉树。

2．二叉树五大性质及证明

　　性质 1：一棵非空二叉树的第 i 层上最多有 2^{i-1} 个结点(i≥1)。

　　性质 2：一棵深度为 k 的二叉树中，最多具有 2^k-1 个结点。

　　性质 3：对于一棵非空的二叉树，如果叶子结点数为 n_0，度数为 2 的结点数为 n_2，则有 $n_0 = n_2+1$。

　　性质 4：具有 n 个结点的完全二叉树的深度 k 为 $\lfloor \log_2 n \rfloor+1$。

　　性质 5：对于具有 n 个结点的完全二叉树，如果按照从上至下和从左到右的顺序对二叉树中的所有结点从 1 开始顺序编号，则对于任意的序号为 i 的结点，有：

　　(1) 如果 i > 1，则序号为 i 的结点的双亲结点的序号为 i/2("/"表示整除)；如果 i = 1，则序号为 i 的结点是根结点，无双亲结点。

　　(2) 如果 2i≤n，则序号为 i 的结点的左孩子结点的序号为 2i；如果 2i > n，则序号为 i 的结点无左孩子。

　　(3) 如果 2i+1≤n，则序号为 i 的结点的右孩子结点的序号为 2i+1；如果 2i+1 > n，则序号为 i 的结点无右孩子。

3．二叉树的存储结构

　　二叉树的存储结构有顺序和链式两种形式。掌握顺序存储结构和二叉链表存储结构的各自优缺点及相互转换；熟悉二叉树的三叉链表表示方法。

4．二叉树的遍历与线索化

　　二叉树的遍历：按照一定规律对二叉树中的每个结点访问且仅访问一次。

　　掌握二叉树遍历的递归算法：前、中和后序遍历方法。其划分的依据是视其每个算法中对根结点数据的访问顺序而定。

由二叉树的遍历的前序和中序序列或后序和中序序列可以唯一构造一棵二叉树，由前序和后序序列不能唯一确定一棵二叉树。

线索二叉树的特点是利用二叉链表中的空链域，将遍历过程中结点的前驱、后继信息保存下来。指向前驱和后继结点的指针叫做线索。二叉树线索化的实质是建立结点在相应序列(前、中或后序)中的前驱和后继之间的直接联系。

5. 树、森林

树的三种存储结构：双亲表示法、孩子表示法、孩子兄弟表示法。

树与森林的遍历方法：

(1) 树的遍历方法：先根遍历、后根遍历。

(2) 森林的遍历方法：先序遍历、中序遍历、后序遍历。

(3) 树与森林的遍历算法及其与二叉树遍历算法的联系：二叉树、树与森林之间的关系是通过二叉链表建立起来的。二叉树使用二叉链表分别存放它的左右孩子，树利用二叉链表存储孩子及兄弟(称孩子兄弟链表)，而森林也是利用二叉链表存储孩子及兄弟。

6. 哈夫曼树及其应用

相关术语：路径和路径长度，结点的权和带权路径长度、树的带权路径长度。

哈夫曼(Haffman)树，也称最优二叉树，是指对于一组带有确定权值的叶结点，构造具有最小带权路径长度的二叉树。

掌握构造哈夫曼树的方法，并且可以利用构造哈夫曼树设计出最优的哈夫曼编码。

6.2 习 题 解 析

1. 一棵度为 2 的树与一棵二叉树有何区别？树与二叉树之间有何区别？

【解答】 度为 2 的树有两个分支，没有左右之分；一棵二叉树也有两个分支，但有左右之分。

树与二叉树的区别如下：

(1) 二叉树的结点至多有两棵子树，树则不然；

(2) 二叉树的结点的子树有左右之分，树则不然。

2. 分别画出具有 3 个结点的树和 3 个结点的二叉树的所有不同形态。

【解答】 具有 3 个结点的树有两种不同形态，如图 6.1(a)所示；具有 3 个结点的二叉树有 5 种不同形态，如图 6.1(b)所示。

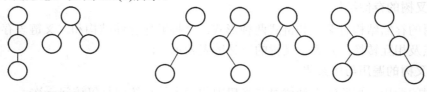

(a) 树的不同形态   (b) 二叉树的不同形态

图 6.1　树与二叉树的不同形态

3. 一棵有 n 个结点的二叉树，按层次从上到下，同一层从左到右顺序存储在一维数组 A[1..n]中，则二叉树中第 i 个结点(i 从 1 开始用上述方法编号)的左孩子、右孩子、双亲在数组 A 中的位置是什么？

【解答】 这个题目实际上是在测试二叉树的性质 5。

对于具有 n 个结点的完全二叉树，如果按照从上至下和从左到右的顺序对二叉树中的所有结点从 1 开始顺序编号，则对于任意的序号为 i 的结点，有：

(1) 如果 i > 1，则序号为 i 的结点的双亲结点的序号为 i/2("/"表示整除)；如果 i = 1，则序号为 i 的结点是根结点，无双亲结点。

(2) 如果 2i≤n，则序号为 i 的结点的左孩子结点的序号为 2i；如果 2i > n，则序号为 i 的结点无左孩子。

(3) 如果 2i+1≤n，则序号为 i 的结点的右孩子结点的序号为 2i+1；如果 2i+1 > n，则序号为 i 的结点无右孩子。

4. 引入二叉线索树的目的是什么？

【解答】 按照某种遍历方式对二叉树进行遍历，可以把二叉树中所有结点排列为一个线性序列。在该序列中，除第一个结点外，每个结点有且仅有一个直接前驱结点；除最后一个结点外，每个结点有且仅有一个直接后继结点。但是，二叉树中每个结点在这个序列中的直接前驱结点和直接后继结点是什么，二叉树的存储结构中并没有反映出来，只能在对二叉树遍历的动态过程中得到这些信息。为了保留结点在某种遍历序列中直接前驱和直接后继的位置信息，可以利用二叉树的二叉链表存储结构中的那些空指针域来指示。这些指向直接前驱结点和指向直接后继结点的指针被称为线索(thread)，加了线索的二叉树称为线索二叉树。

5. 一棵左右子树均不空的二叉树在先序线索化后，其中空的链域有多少个？

【解答】 1 个。左右子树均不空，先序序列仅最后一个结点的右线索为空，故只有 1 个空链域。

6．讨论树、森林和二叉树的关系，目的是什么？

【解答】 可以借助二叉树上的运算方法去实现对树、森林的一些运算。

7．设森林 F 中有三棵树，第一、第二、第三棵树的结点个数分别为 M1、M2 和 M3。与森林 F 对应的二叉树根结点的右子树有多少个结点？

【解答】 M2+M3。第一棵树构成根和左子树，因此右子树上的结点个数就是 M2+M3。

8. 二叉树的存储结构有几种？树的存储结构有几种？各自的特点是什么？

【解答】 二叉树的存储结构有顺序存储结构和链式存储结构。

(1) 顺序存储结构：用一组连续的存储单元存放二叉树中的结点。完全二叉树和满二叉树采用顺序存储比较合适，树中结点的序号可以反映出结点之间的逻辑关系。

(2) 链式存储结构：有两种，即二叉链表存储结构和三叉链表存储结构。

二叉链表存储结构：每个结点最多有两个孩子，一个双亲结点，适合找孩子结点。

三叉链表存储结构：每个结点由四个域组成，具体结构如下：

lchild	data	rchild	parent

其中，data、lchild 以及 rchild 三个域的意义同二叉链表结构；parent 域为指向该结点双亲结点的指针。这种存储结构既便于查找孩子结点，又便于查找双亲结点；但是，相对于二叉链表存储结构而言，它增加了空间开销。尽管在二叉链表中无法由结点直接找到其双亲，但由于二叉链表结构灵活，操作方便，对于一般情况的二叉树，甚至比顺序存储结构还节省空间。因此，二叉链表是最常用的二叉树存储方式。

树的存储既可以采用顺序存储结构，也可以采用链式存储结构。常用的树的存储方式有双亲表示法、孩子表示法、双亲孩子表示法和孩子-兄弟表示法。

(1) 双亲表示法：用一组连续的存储空间存储树中的各个结点，同时在每个结点中，附设一个指示器指示其双亲结点在数组中的位置。在树的双亲表示法中，实现找结点双亲操作和求根结点操作很方便，但实现求某结点的孩子结点操作时，则需要查询整个数组。求某结点的兄弟操作也比较困难。

(2) 孩子表示法：有两种，即孩子链表表示法和孩子多重链表法。孩子链表表示法是把每个结点的孩子结点排列起来，以单链表作为存储结构，则 n 个结点就有 n 个孩子链表。孩子多重链表法是由于树中每个结点都有零个或多个孩子结点，在这种表示法中，树中每个结点有多个指针域，形成了多条链表，所以这种方法又常称为多重链表法。在孩子表示法中查找双亲比较困难，查找孩子却十分方便。

(3) 双亲孩子表示法：这是将双亲表示法和孩子表示法相结合的结果，既方便求双亲又方便求孩子。

(4) 孩子-兄弟表示法：这种方法又称二叉树表示法或二叉链表表示法。由于孩子-兄弟链表存储结构在形式上与二叉链表一致。这种存储结构可以方便地找到孩子，如果增加一个双亲域，同样可以方便地找到双亲。这是应用较为普遍的一种树的存储结构。

9. 已知一棵度为 m 的树中有 n_1 个度为 1 的结点，n_2 个度为 2 的结点，…，n_m 个度为 m 的结点，问该树中有多少片叶子？

【解答】　设该树中的叶子数为 n_0 个。该树中的总结点数为 n 个，则有

$$n = n_0 + n_1 + n_2 + \cdots + n_m \tag{1}$$

因为除根结点外，树中其他结点都有双亲结点，且是唯一的(由树中的分支表示)，所以，分支数为

$$B = n - 1 = 0 \times n_0 + 1 \times n_1 + 2 \times n_2 + \cdots + m \times n_m \tag{2}$$

联立(1)(2)方程组可得叶子数为

$$n_0 = 1 + 0 \times n_1 + 1 \times n_2 + 2 \times n_3 + \cdots + (m-1) \times n_m$$

10. 一个深度为 h 的满 k 叉树有如下性质：第 h 层上的结点都是叶子结点，其余各层上每个结点都有 k 棵非空子树。如果按层次顺序(同层自左至右)从 1 开始对全部结点编号，问：

(1) 各层的结点数目是多少?

(2) 编号为 i 的结点的双亲结点(若存在)的编号是多少?

(3) 编号为 i 的结点的第 j 个孩子结点(若存在)的编号是多少?

(4) 编号为 i 的结点的有右兄弟的条件是什么? 其右兄弟的编号是多少?

【解答】

(1) 层号为 h 的结点数目为 k^{h-1}。

(2) 编号为 i 的结点的双亲结点的编号是 $\lfloor (i-2)/k \rfloor +1$(不大于 $(i-2)/k$ 的最大整数),也就是$(i-2)$与 k 整除的结果(以下/表示整除)。

(3) 编号为 i 的结点的第 j 个孩子结点编号是 $k*(i-1)+1+j$。

(4) 编号为 i 的结点有右兄弟的条件是$(i-1)$能被 k 整除,右兄弟的编号是 $i+1$。

11. 高度为 h 的完全二叉树至少有多少个结点? 至多有多少个结点?

【解答】 高度为 h 的完全二叉树至少有 2^{h-1} 个结点,至多有 2^h-1 个结点(也就是满二叉树)。

12. 试找出分别满足下面条件的所有二叉树:

(1) 前序序列和中序序列相同;

(2) 中序序列和后序序列相同;

(3) 前序序列和后序序列相同;

(4) 前序、中序、后序序列均相同。

【解答】

(1) 前序序列和中序序列相同的二叉树是:空二叉树或没有左子树的二叉树(右单支树)。

(2) 中序序列和后序序列相同的二叉树是:空二叉树或没有右子树的二叉树(左单支树)。

(3) 前序序列和后序序列相同的二叉树是:空二叉树或只有根结点的二叉树。

(4) 前序、中序、后序序列均相同的二叉树是:空树或只有根结点的二叉树。

13. 任意一个有 n 个结点的二叉树,已知它有 m 个叶子结点,试证明非叶子结点有 $m-1$ 个度为 2,其余度为 1。

【解答】 设 n_1 为二叉树中度为 1 的结点数,n_2 为度为 2 的结点数,则总的结点数为

$$n = n_1 + n_2 + m$$

再看二叉树中分支数,除根结点外,其余结点都有一个分支进入,设 B 为分支数,则有

$$n = B + 1$$

由于这些分支是由度为 1 和 2 的结点发出的,所以又有

$$B = n_1 + 2n_2$$

由以上两式可得

$$n = n_1 + 2n_2 + 1$$

再结合前式得

$$n_1 + n_2 + m = n_1 + 2n_2 + 1$$

所以 $n_2 = m-1$。

14．下述编码哪一组不是前缀码？

{00，01，10，11}，{0，1，00，11}，{0，10，110，111}

【解答】　{0，1，00，11}不是前缀编码。

15．假定用于通信的电文仅由 8 个字母$\{c_1, c_2, c_3, c_4, c_5, c_6, c_7, c_8\}$组成，各字母在电文中出现的频率分别为{5, 25, 3, 6, 10, 11, 36, 4}。

(1) 为这 8 个字母设计哈夫曼编码。

(2) 若用三位二进制数对这 8 个字母进行等长编码，则哈夫曼编码的平均码长是等长编码的百分之几？它使电文总长平均压缩多少？

【解答】

(1) 已知字母集$\{c_1, c_2, c_3, c_4, c_5, c_6, c_7, c_8\}$，频率{5, 25, 3, 6, 10, 11, 36, 4}，则 Huffman 编码如下(参见图 6.2)

c_1	c_2	c_3	c_4	c_5	c_6	c_7	c_8
0110	10	0000	0111	001	010	11	0001

电文总码数为

$$\text{WPL}_{\text{huff}} = 4 \times 5 + 2 \times 25 + 4 \times 3 + 4 \times 6 + 3 \times 10 + 3 \times 11 + 2 \times 36 + 4 \times 4 = 257$$

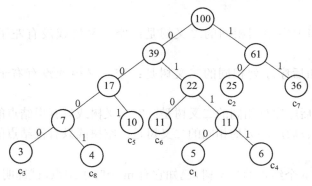

图 6.2　哈夫曼编码

(2) 等长编码如下：

字符	c_1	c_2	c_3	c_4	c_5	c_6	c_7	c_8
编码	000	001	010	011	100	101	110	111

$$\text{WPL}_{\text{ave}} = 3 \times (5 + 25 + 3 + 6 + 10 + 11 + 36 + 4) = 300$$

$$\frac{\text{WPL}_{\text{huff}}}{\text{WPL}_{\text{ave}}} = \frac{257}{300} = 0.86$$

$$1 - 0.86 = 0.14$$

所以，哈夫曼编码的平均码长是等长编码的 86%。它使电文总长平均压缩 14%。

16. 使用下述方法分别画出图 6.3 所示二叉树的存储表示:

(1) 顺序表示法;

(2) 二叉链表表示法。

【解答】

(1) 顺序表示法如下,其中空白表示 NULL。

位置	1	2	3	4	5	6	7	8	9	10	11	12	13	14	15	16
结点	1	2	3	4		5	6		7		8					9

(2) 二叉链表表示法如图 6.4 所示。

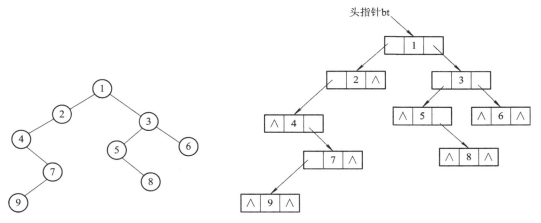

图 6.3 习题 16 图   图 6.4 二叉链表表示法

17. 已知一棵树的先根次序遍历的结果与其对应二叉树表示(第一个孩子-兄弟表示)的前序遍历结果相同, 树的后根次序遍历结果与其对应二叉树表示的中序遍历结果相同。试问利用树的先根次序遍历结果和后根次序遍历结果能否唯一确定一棵树? 举例说明。

【解答】 可以唯一确定一棵树。因为可以由二叉树的先序序列和中序序列构造出二叉树, 所以, 我们可以依据树的先根次序遍历结果和后根次序遍历结果构造出二叉树, 将该二叉树转换为树即可, 如图 6.5 所示。

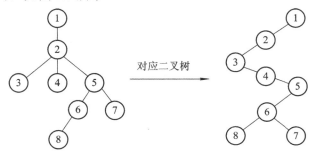

对应二叉树

图 6.5 二叉树与树的转换

对应二叉树的前序序列为 1, 2, 3, 4, 5, 6, 8, 7;中序序列为 3, 4, 8, 6, 7, 5, 2, 1。

原树的先根遍历序列为 1, 2, 3, 4, 5, 6, 8, 7;后根遍历序列为 3, 4, 8, 6, 7, 5, 2, 1。

18. 已知一棵非空二叉树，其按中根和后根遍历的结果分别为 CGBAHEDJFI 和 GBCHEJIFDA，试将这样的二叉树构造出来。若已知先根和后根的遍历结果，能否构造出这个二叉树？

【解答】　由中根和后根所确定的二叉树如图 6.6 所示。

已知先根和后根的遍历结果，不能构造出二叉树。

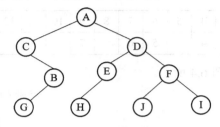

图 6.6　中根和后根所确定的二叉树

19. 由二叉树的前序遍历和中序遍历，或者由中序遍历和后序遍历结果能否唯一确定一棵二叉树？解释你的论断。

【解答】　可以唯一确定一棵二叉树。用归纳法证明前序序列和中序序列，后序序列和中序序列的证明相同。

当 n = 1 时，前序、中序序列均只有一个元素且相同，即为根，由此唯一确定一个二叉树。

假设 n < m−1 时结论成立，则证明 n = m 时成立。

假设前序序列为 a_1，a_2，…，a_m，中序序列为 b_1，b_2，…，b_m。

因为前序序列由前序遍历而得，则 a_1 即为根结点的元素，又因为中序序列由中序遍历而得，则在中序序列中必能找到与 a_1 相同的元素，设为 b_j，由此可以得到 $\{b_1, \cdots, b_{j-1}\}$ 为左子树的中序序列，$\{b_{j+1}, \cdots, b_m\}$ 为右子树的中序序列。

若 j = 1，即 b_1 为根，此时二叉树的左子树为空，$\{a_2, \cdots, a_m\}$ 为右子树的前序序列，$\{b_2, \cdots, b_m\}$ 为右子树的中序序列。右子树的结点数为 m−1。由此，这两个序列唯一确定了右子树，也唯一确定了二叉树。

若 j = m，即 b_m 为根，此时二叉树的右子树为空，同上，子序列 $\{a_2, \cdots, a_m\}$ 和 $\{b_1, \cdots, b_{m-1}\}$ 唯一确定左子树。

若 2<= j <= m−1，则子序列 $\{a_2, \cdots, a_j\}$ 和 $\{b_1, \cdots, b_{j-1}\}$ 唯一确定了左子树，子序列 $\{a_{j+1}, \cdots, a_m\}$ 和 $\{b_{j+1}, \cdots, b_m\}$ 唯一确定了右子树。

由此证明了唯一的根及其左右子树只能构成一棵确定的二叉树。

同理，中序、后序序列可唯一确定一棵二叉树。

20. 设二叉树的顺序存储结构如下：

1	2	3	4	5	6	7	8	9	10	11	12	13	14	15	16	17	18	19	20
E	A	F	∧	D	∧	H	∧	∧	C	∧	∧	∧	G	I	∧	∧	∧	∧	B

(1) 根据其存储结构，画出该二叉树。

(2) 写出按前序、中序、后序遍历该二叉树所得的结点序列。

【解答】

(1) 该存储结构对应的二叉树如图 6.7 所示。

(2) 前序序列为 EADCBFHGI，中序序列为 ABCDEFGHI，后序序列为 BCDAGIHFE。

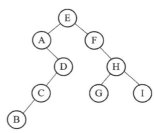

图 6.7 存储结构对应的二叉树

21. 写出图 6.8 所示二叉树前序、中序、后序遍历的结果，并画出和此二叉树相应的森林。

【解答】

前序遍历：A B D G H J K E C F I M

中序遍历：G D J H K B E A C F M I

后序遍历：G J K H D E B M I F C A

二叉树对应的森林如图 6.9 所示。

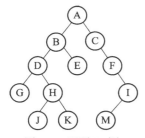

图 6.8 习题 21 图

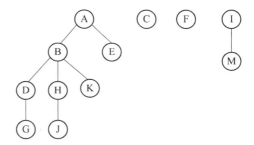

图 6.9 二叉树对应的森林

22. 若用二叉链表作为二叉树的存储表示，设计算法求二叉树中度为 1 的结点个数。

【解答】 利用二叉树结构上的递归特性，用递归的方法实现。若某结点有左子树和右子树，则以此结点为根的二叉树中度为 1 的结点个数=左子树的度为 1 的结点个数 + 右子树中度为 1 的结点数。若该结点只有一棵子树，则以此结点为根的二叉树中度为 1 的结点个数 = 1 + 其唯一子树中度为 1 的结点个数。若该结点没有子树，则此结点为根的二叉树中度为 1 的结点个数 = 0。

算法如下：

```
typedef struct Node
{
    DataType data;
    struct Node *LChild;
    struct Node *Rchild;
}BiTNode, *BiTree;
int Num(BiTree ptr)
{   BiTNode *temp;
    if(ptr->LChild!=NULL&&ptr->RChild!=NULL)
```

```
            return Num(ptr->LChild)+ Num(ptr->RChild);
        else if (ptr->LChild==NULL&&ptr->RChild!=NULL)
            return 1+ Num(ptr->RChild);
        else if (ptr->LChild!=NULL&&ptr->RChild==NULL)
            return 1+ Num(ptr->LChild);
    return 0;
}
```

23. 试利用栈的基本操作写出先序遍历的非递归形式的算法。

【解答】 算法如下：

```
    typedef struct Node
    {
        DataType data;
        struct Node *LChild;
        struct Node *Rchild;
    }BiTNode, *BiTree;
    void PreOrder_Nonrecursive(BiTree T)
    {
        InitStack(S);
        p=T;
        while(p ||!StackEmpty(s))
        {
            if (p)
            {
                visit(p->data);
                Push(s, p);
                p=p->LChild;
            }
            else {
                pop(s, p);
                p=p->RChild;
            }
        }
    }
```

24. 编写递归算法，将二叉树中所有结点的左、右子树相互交换。

【解答】 算法如下：

```
    typedef struct Node
    {
```

```
        DataType data;
        struct Node *LChild;
        struct Node *RChild;
    }BiTNode, *BiTree;
    void Bitree_Revolute(BiTree T)
    {
        Bitree temp;
        if(T) {
            temp=T->LChild;
            T->LChild)=T->RChild;
            T->RChild=temp;
                if(T->LChild) Bitree_Revolute(T->LChild);
                if(T->RChild) Bitree_Revolute(T->RChild);
        }
    }
```

25. 编写按层次顺序(同一层自左至右)遍历二叉树的算法。

【解答】 算法如下：

```
    typedef struct Node
    {   DataType data;
        struct Node *LChild;
        struct Node *Rchild;
    }BiTNode, *BiTree;
    void LayerOrder(BiTree T)
    {   InitQueue(Q);
        EnQueue(Q, T);
        while(!QueueEmpty(Q))
        {
            DeQueue(Q, p);
            visit(p);
            if(p->LChild) EnQueue(Q, p->LChild);
            if(p->RChild) EnQueue(Q, p->RChild);
        }
    }
```

26. 用多重链表存储树，编写按层次顺序(同一层自左至右)遍历树的算法。

【解答】 对于多重链表存储树，树中结点的存储表示可描述如下：

```
    #define MAXSON   <树的度数>
    typedef struct TreeNode
```

```
{
    datatype data;        /*结点的数据域*/
    struct TreeNode    *son[MAXSON]; /*孩子指针域数组*/
} NodeType;
void LayerOrder(NodeType * T)
{    InitQueue(Q);
    EnQueue(Q, T);
    while(!QueueEmpty(Q))
    {
        DeQueue(Q, p);
        visit(p);
        for(i=1; i< MAXSON; i++)
            if(p-> son [i]) EnQueue(Q, p-> son [i]);
    }
}
```

6.3　自测题及参考答案

一、填空题

1. 由 3 个结点所构成的二叉树有_____种形态。

2. 一棵深度为 6 的满二叉树有_____个分支结点和_____个叶子。

3. 一棵具有 257 个结点的完全二叉树，它的深度为_____。

4. 完全二叉树中，若某结点无左孩子，则它必是_____结点。

5. 设一棵完全二叉树有 1000 个结点，则此完全二叉树有____个叶子结点，有____个度为 2 的结点，有_____个结点只有非空左子树，有_____个结点只有非空右子树。

6. 一棵含有 n 个结点的 k 叉树，可能达到的最大深度为_____，最小深度为_____。

7. 若已知一棵二叉树的前序序列是 BEFCGDH，中序序列是 FEBGCHD，则它的后序序列必是 _____。

8. 中序遍历的递归算法平均空间复杂度为_____。

9. 用 5 个权值{3, 2, 4, 5, 1}构造的哈夫曼(Huffman)树的带权路径长度是_____。

10. 设有 n 个结点的二叉树，采用二叉链表存储，空链域个数为_____。

11. 具有 n 个叶子结点的哈夫曼树共有_____个结点。

12. 二叉树的顺序存储结构适合于_____二叉树。

二、单项选择题

1. 具有 n(n>0)个结点的完全二叉树的深度为_____。

　　A. $\lceil \log_2(n) \rceil$　　　　B. $\lfloor \log_2(n) \rfloor$　　　　C. $\lfloor \log_2(n) \rfloor+1$　　D. $\lceil \log_2(n)+1 \rceil$

2. 深度为 5 的二叉树至多有的结点数为_____。

A. 31　　　　　　B. 32　　　　　　C. 63　　　　　　D. 64

3. 将一棵有 100 个结点的完全二叉树从根这一层开始，每一层从左到右依次对结点进行编号，根结点编号为 1，则编号为 49 的结点的左孩子的编号为_____。

A. 48　　　　　　B. 50　　　　　　C. 99　　　　　　D. 98

4. 对于完全二叉树中的任一结点，若其右分支下的子孙的最大层次为 h，则其左分支下的子孙的最大层次为_____。

A. h　　　　　　B. h+1　　　　　　C. h 或 h+1　　　　D. 任意

5. 假定在一棵二叉树中，双分支结点数为 15，单分支结点数为 30 个，则叶子结点数为_____。

A. 15　　　　　　B. 16　　　　　　C. 17　　　　　　D. 47

6. 设高度为 h 的二叉树上只有度为 0 和度为 2 的结点，则此类二叉树中所包含的结点数至少为_____。

A. 2h　　　　　　B. 2h−1　　　　　C. 2h+1　　　　　D. h+1

7. 实现任意二叉树的后序遍历的非递归算法而不使用栈结构，最佳方案是二叉树采用的存储结构为_____。

A. 二叉链表　　B. 广义表存储结构　　　C. 三叉链表　　D. 顺序存储结构

8. 在一非空二叉树的中序遍历序列中，根结点的右边_____。

A. 只有左子树上的所有结点　　　　　B. 只有左子树上的部分结点
C. 只有右子树上的部分结点　　　　　D. 只有右子树上的所有结点

9. 树最适合用来表示_____。

A. 有序数据元素　　　　　　　　　　B. 无序数据元素
C. 元素之间具有分支层次关系的数据　D. 元素之间无联系的数据

【参考答案】

一、填空题

1. 5

2. $n_1 + n_2 = 0 + n_2 = n_0 - 1 = 31$，$2^{6-1} = 32$

3. 9

4. 叶子

5. 500，499，1，0

6. n，完全 k 叉树

7. F E G H D C B

8. O(n)

9. 33

10. n+1

11. 2n+1

12. 完全

二、单项选择题

1. C　　2. A　　3. D　　4. C　　5. B　　6. B　　7. C　　8. D　　9. C

第七章 图

7.1 基本知识点

在图结构中，数据元素之间的关系是多对多的，不存在明显的线性或层次关系。图中每个数据元素可以和图中其它任意个数据元素相关。树可以看作是图的一种特例。图的应用非常广泛，在计算机领域，如逻辑设计、人工智能、形式语言、操作系统、编译原理以及信息检索等，图都起着重要的作用。

1. 图的定义与基本术语

图(Graph)是一种网状数据结构，是由一个顶点(vertex)的有穷非空集V(G)和一个弧(arc)的集合E(G)组成，通常记作G = (V，E)，其中G表示一个图，V是图G中顶点的集合，E是图G中的弧的集合。

相关术语：无向图、有向图、弧、边、完全图、子图、(强)连通图、(强)连通分量；邻接点、相邻接、相关联；路径、路径长度、回路或环、简单路径、简单回路；度、入度、出度；权、赋权图或网；生成树(极小连通子图)。

2. 图的存储结构

邻接矩阵、(逆)邻接表存储形式、十字链表、邻接多重表。

3. 图的遍历

深度遍历和广度遍历原理。图的大部分算法设计题常常是基于这两种基本的遍历算法而设计的，比如"求最长和最短路径问题"及"判断两顶点间是否存在长为 K 的简单路径问题"。

4. 图的应用

图的连通性问题：可以利用两种遍历算法获知图是否连通，如果图不连通，可以获知有几个连通分量。

最小生成树算法：对于连通图可以利用 PRIM 算法和 KRUSKAL 算法找到图的最小生成树。PRIM 算法适合稠密图，KRUSKAL 算法适合稀疏图。

最短路径问题分为两种：一是求从某一点出发到其余各点的最短路径；二是求图中每一对顶点之间的最短路径。 最短路径具有非常实用的背景特色，一个典型的应用就是旅游景点及旅游路线的选择问题。解决第一个问题用 DIJSKTRA 算法，解决第二个问题用 FLOYD 算法。

有向无环图(directed acycling graph)：一个无环的有向图简称 DAG 图。有向无环图是描述一项工程进行过程的有效工具，主要用来进行拓扑排序和关键路径的操作。

AOV 网(Activity On Vertex Network)：顶点表示活动的网，即用顶点表示活动，用弧表示活动间优先关系的有向图。

AOE 网(Activity On Edge Network)：一个带权的有向无环图，弧表示活动，权表示活动持续的时间，可以用来估算工程的完成时间。

7.2 习 题 解 析

1. 已知图 7.1 所示的有向图，请给出该图的

(1) 每个顶点的入度、出度；

(2) 邻接矩阵；

(3) 邻接表；

(4) 逆邻接表；

(5) 所有强连通分量。

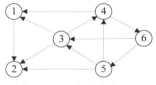

图 7.1　习题 1 图示

【解答】

(1)　ID(1) = 2　　OD(1) = 1

　　ID(2) = 3　　OD(2) = 0

　　ID(3) = 2　　OD(3) = 3

　　ID(4) = 2　　OD(4) = 2

　　ID(5) = 1　　OD(5) = 3

　　ID(6) = 1　　OD(6) = 2

(2)　图 7.1 的邻接矩阵为：

$$\begin{bmatrix} 0 & 1 & 0 & 0 & 0 & 0 \\ 0 & 0 & 0 & 0 & 0 & 0 \\ 1 & 1 & 0 & 1 & 0 & 0 \\ 1 & 0 & 0 & 0 & 0 & 1 \\ 0 & 1 & 1 & 1 & 0 & 0 \\ 0 & 0 & 1 & 0 & 1 & 0 \end{bmatrix}$$

(3)　由图 7.1 建立的邻接表如图 7.2 所示。

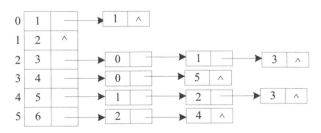

图 7.2　习题 1 的邻接表

(4)　由图 7.1 建立的逆邻接表如图 7.3 所示。

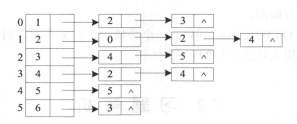

图 7.3　习题 1 的逆邻接表

(5) 有三个连通分量，如图 7.4 所示。

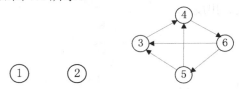

图 7.4　习题 1 的连通分量

2. 回答下列问题：

(1) 具有 n 个顶点的连通图至少有几条边？

(2) 具有 n 个顶点的强连通图至少有几条边？这样的图应该是什么形状的？

(3) n 个顶点的有向无环图最多有几条边？

【解答】

(1) 这是一个和生成树相关的问题。生成树是一个连通图，它具有能够连通图中任何两个顶点的最小边集，任何一个生成树都具有 n−1 条边。因此，具有 n 个顶点的连通图至少有 n−1 条边。

(2) 强连通图是相对于有向图而言的。由于强连通图要求图中任何两个顶点之间能够相互联通，因此每个顶点至少要有一条以该顶点为弧头的弧和一条以该顶点为弧尾的弧，每个顶点的入度和出度至少各为 1，即顶点的度至少为 2，这样根据图的顶点数、边数以及各顶点的度三者之间的关系计算可得：

$$边数 = \frac{2 \times n}{2} = n$$

对于强连通图，由于从每个顶点都可以达到其余所有顶点，因此当每个顶点的入度和出度都为 1 时，这个图必定是一个 n 个顶点构成的环。

(3) 这是一个拓扑排序相关的问题。一个有向无环图至少可以排出一个拓扑序列，不妨设这 n 个顶点排成的拓扑序列为 v_1, v_2, v_3, …, v_n，那么在这个序列中，每个顶点 v_i 只可能与排在它后面的顶点之间存在着以 v_i 为弧尾的弧，最多有 n−i 条，因此在整个图中最多有 (n−1) + (n−2) + … + 2 + 1 = n*(n−1)/2 条边。

3. 对于有 n 个顶点的无向图，采用邻接矩阵表示，如何判断以下问题：图中有多少条边？任意两个顶点 i 和 j 之间是否有边相连？任意一个顶点的度是多少？

【解答】　用邻接矩阵表示无向图时，因为是对称矩阵，对矩阵的上三角部分或下三角部分检测一遍，统计其中的非零元素个数，就是图中的边数。如果邻接矩阵中 A[i][j] 不为零，说明顶点 i 与顶点 j 之间有边相连。此外统计矩阵第 i 行或第 i 列的非零元素个数，就可得到顶点 i 的度数。

4．对于图 7.5 所示的有向图，试给出：

(1) 邻接矩阵；

(2) 从 1 出发的深度优先遍历序列；

(3) 从 6 出发的广度优先遍历序列。

【解答】

(1) 其邻接矩阵如图 7.6 所示。

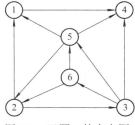

图 7.5　习题 4 的有向图　　　　　图 7.6　邻接矩阵

(2) 从 1 出发的一个深度优先遍历序列为 1 4 2 3 5 6。

(3) 从 6 出发的一个广度优先遍历序列为 6 2 5 1 3 4。

5．首先将如图 7.7 所示的无向图给出其存储结构的邻接表表示，然后写出对其分别进行深度、广度优先遍历的结果。

【解答】 邻接表表示如图 7.8 所示。

深度优先遍历结果(不唯一)：1，2，5，9，6，7，3，8，4。

广度优先遍历结果(不唯一)：1，2，3，4，5，6，7，8，9。

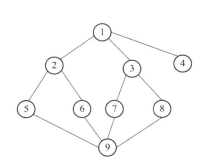

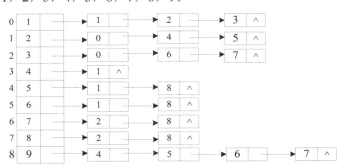

图 7.7　习题 5 图　　　　　图 7.8　习题 5 邻接表

6．已知某图的邻接表如图 7.9 所示。

(1) 画出此邻接表所对应的无向图；

(2) 写出从 F 出发的深度优先搜索序列；

(3) 写出从 F 出发的广度优先搜索序列。

【解答】

(1) 如图 7.10 所示。

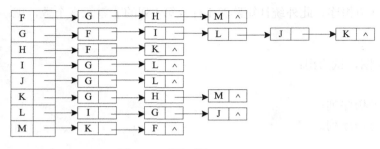

图 7.9　习题 6 图   图 7.10　邻接表所对应的无向图

(2) 从 F 出发的深度优先搜索序列为 F G I L J K H M。

(3) 从 F 出发的广度优先搜索序列为 F G H M I L J K。

7. 对给定图 7.11，请写出分别用 Prim、Kruskal 算法求出最小代价生成树的步骤。

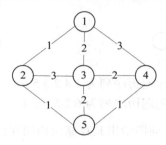

图 7.11　习题 7 图

【解答】　用 Prim 方法求最小代价生成树的过程如图 7.12 所示。

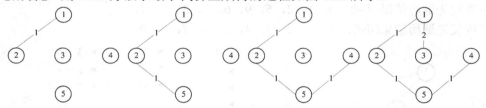

图 7.12　求最小代价生成树的过程

此题用 Kruskal 方法求最小代价生成树的过程正好与 Prim 方法相同，亦如图 7.12 所示。

8. 已知世界六大城市为北京(PE)、纽约(N)、巴黎(PA)、伦敦(L)、东京(T)、墨西哥(M)，表 7.1 给定了这六大城市之间的交通里程。

表 7.1　世界六大城市交通里程表(单位：百公里)

	PE	N	PA	L	T	M
PE		109	82	81	21	124
N	109		58	55	108	32
PA	82	58		3	97	92
L	81	55	3		95	89
T	21	108	97	95		113
M	124	32	92	89	113	

(1) 画出这六大城市的交通网络图；

(2) 画出该图的邻接表表示法；

(3) 利用 Prim 算法，画出该图的最小(代价)生成树。

【解答】

(1) 交通网络图如图 7.13 所示。

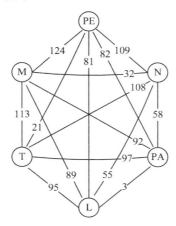

图 7.13　交通网络图

(2) 该图的邻接表表示法如图 7.14 所示。

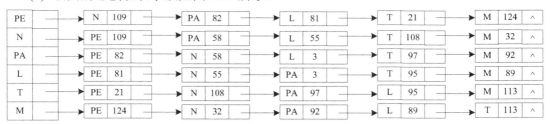

图 7.14　邻接表表示法

(3) 最小生成树为 6 个顶点 5 条边，如图 7.15 所示。

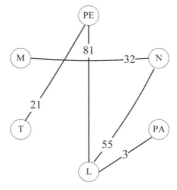

图 7.15　最小生成树

V(G) = {PE, N, PA, L, T, M}

E(G) = {(L, PA, 3)，(PE, T, 21)，(M, N, 32)，(L, N, 55)，(L, PE, 81)}

9. 表 7.2 给出了某工程中各工序之间的优先关系和各工序所需的时间。

表 7.2　某工程中各工序之间的优先关系和各工序所需时间

工序代号	A	B	C	D	E	F	G	H	I	J	K	L	M	N
所需时间	15	10	50	8	15	40	300	15	120	60	15	30	20	40
先驱工作	—	—	A, B	B	C, D	B	E	G, I	E	I	F, I	H, J, K	L	G

(1) 画出相应的 AOE 网;

(2) 列出各事件的最早发生时间、最晚发生时间;

(3) 找出关键路径并指明完成该工程所需最短时间。

【解答】

(1) AOE 网如图 7.16 所示。

图中虚线表示在时间上前后工序之间仅是接续顺序关系，不存在依赖关系。顶点代表事件，弧代表活动，弧上的权代表活动持续时间。图中顶点 1 代表工程开始事件，顶点 11 代表工程结束事件。

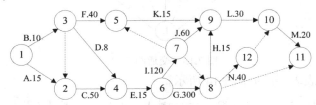

图 7.16　AOE 网

(2) 各事件发生的最早和最晚时间如表 7.3 所示。

表 7.3　各事件发生的最早和最晚时间

事　件	1	2	3	4	5	6	7	8	9	10	11	12
最早发生时间	0	15	10	65	50	80	200	380	395	425	445	420
最晚发生时间	0	15	57	65	380	80	335	380	395	425	445	425

(3) 关键路径为顶点序列: 1->2->4->6->8->9->10->11;

事件序列: A->C->E->G->H->L->M, 完成工程所需的最短时间为 445。

10. 已知图的邻接矩阵如图 7.17 所示。

	V_1	V_2	V_3	V_4	V_5	V_6	V_7	V_8	V_9	V_{10}
V_1	0	1	1	1	0	0	0	0	0	0
V_2	0	0	0	1	1	0	0	0	0	0
V_3	0	0	0	1	0	1	0	0	0	0
V_4	0	0	0	0	0	1	1	0	1	0
V_5	0	0	0	0	0	0	1	0	0	0
V_6	0	0	0	0	0	0	0	1	1	0
V_7	0	0	0	0	0	0	0	0	1	0
V_8	0	0	0	0	0	0	0	0	0	1
V_9	0	0	0	0	0	0	0	0	0	1
V_{10}	0	0	0	0	0	0	0	0	0	0

图 7.17　图的邻接矩阵

画出图形，并画出该图的邻接表(邻接表中边表按序号从大到小排序)，试写出：

(1) 以顶点 V_1 为出发点的唯一的深度优先遍历；

(2) 以顶点 V_1 为出发点的唯一的广度优先遍历；

(3) 该图唯一的拓扑有序序列。

【解答】 图 7.17 邻接矩阵对应的有向图如图 7.18 所示。

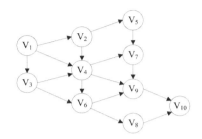

图 7.18　有向图

图的邻接表如图 7.19 所示。

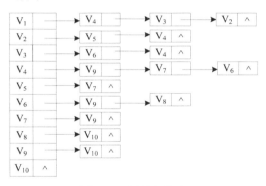

图 7.19　图的邻接表

(1) 深度优先遍历序列为：V_1, V_4, V_9, V_{10}, V_7, V_6, V_8, V_3, V_2, V_5。

(2) 广度优先遍历序列为：V_1, V_4, V_3, V_2, V_9, V_7, V_6, V_5, V_{10}, V_8。

(3) 拓扑排序为：V_1, V_2, V_5, V_3, V_4, V_6, V_8, V_7, V_9, V_{10}。

11. 试基于图的深度优先搜索策略写一算法，判别以邻接表方式存储的有向图中是否存在由顶点 v_i 到顶点 v_j 的路径($i \neq j$)。

注意：算法中涉及的图的基本操作必须在此存储结构上实现。

【解答】 用邻接表作存储结构：

```
#define MAX-VERTEX-NUM    10    /*最多顶点个数*/
typedef enum{DG, DN, UDG, UDN} GraphKind; /*图的种类*/
typedef struct ArcNode{
    int adjvex;              /*该弧指向顶点的位置*/
    struct ArcNode    /*nextarc; /*指向下一条弧的指针*/
    OtherInfo   info;   /*与该弧相关的信息*/
} ArcNode;
```

```
typedef   struct   VertexNode{
    VertexData   data;        /*顶点数据*/
    ArcNode    *firstarc;   /*指向该顶点第一条弧的指针*/
} VertexNode;
typedef   struct{
    VertexNode    vertex[MAX-VERTEX-NUM];
    int    vexnum, arcnum; /*图的顶点数和弧数*/
    GraphKind    kind;           /*图的种类标志*/
}AdjList;   /*基于邻接表的图(Adjacency List Graph)*/
int visited[MAXSIZE];
int exist_path_DFS(AdjList G, int i, int j)
{   AdjList p;
    if(i= =j) return 1;
    else
    {
        visited[i]=1;
        for(p=G.vertex[i].firstarc; p; p=p->nextarc)
        {
            k=p->adjvex;
            if(!visited[k]&&exist_path(k, j)) return 1;
        }
    }
}
```

12. 采用邻接表存储结构，编写一个判别无向图中任意给定的两个顶点之间是否存在一条长度为 k 的简单路径的算法。

【解答】 算法如下：

```
int visited[MAXSIZE];
int exist_path_len(ALGraph G, int i, int j, int k)
{   /*判断邻接表方式存储的有向图 G 的顶点 i 到 j 是否存在长度为 k 的简单路径 */
    if(i==j&&k==0) return 1; /*找到了一条路径，且长度符合要求 */
    else if(k>0)
    {   visited[i]=1;
        for(p=G.vertices[i].firstarc; p; p=p->nextarc)
        {
            l=p->adjvex;
            if(!visited[l])
                if(exist_path_len(G, l, j, k-1)) return 1; /*剩余路径长度减 1 */
        }
```

```
                    visited[i]=0; /*本题允许曾经被访问过的结点出现在另一条路径中*/
            }
            return 0;    /*没找到*/
    }
```

13. 已知有向图和图中两个顶点 u 和 v，试编写算法求出有向图中从 u 到 v 的所有简单路径。

【解答】　算法如下：

```
    int path[MAXSIZE], visited[MAXSIZE];
    int Find_All_Path(AdjList G, int u, int v, int k)
    {
        path[k]=u;
        visited[u]=1;
        if(u= =v)
        {
            printf("Found one path!\n");
                for(i=0; path[i]; i++) printf("%d", path[i]);
        }
        else
        for(p=G.vertex[u].firstarc; p; p=p->nextarc)
        {
            l=p->adjvex;
            if(!visited[l]) Find_All_Path(G, l, v, k+1);
        }
        visited[u]=0;
        path[k]=0;
    }
    main()
    {    ...
        Find_All_Path(G, u, v, 0);
        ...
    }
```

14. 对于一个使用邻接表存储的有向图 G，完成以下任务：

(1) 给出完成上述功能的图的邻接表定义(结构)。

(2) 定义在算法中使用的全局辅助数组。

(3) 写出在遍历图的同时进行拓扑排序的算法。

【解答】　这里设定 visited 访问数组和 finished 数组为全局变量，若 finished[i]=1，表示顶点 i 的邻接点已搜索完毕。由于深度优先遍历产生的是逆拓扑排序，故设一类型是指向邻接表的边结点的全局指针变量 final，在 dfs 函数退出时，把顶点 v 插入到 final 所指的链表中，链表中的结点就是一个正常的拓扑序列。

(1) 邻接表表示法是一种顺序存储与链式存储相结合的存储方法，顺序存储部分用来保存图中顶点的信息，链式存储部分用来保存图中边(或弧)的信息。类似于树的孩子链表表示法。

下面给出图的邻接表存储结构的 C 语言描述形式：

```c
#define MAXNODE    <图中顶点的最大个数>
typedef struct arc
{
    int adjvex;          /*邻接点域，存储邻接点在表头结点表中的位置*/
    int weight;          /*权值域，用于存储边或弧相关的信息，非网图可以不需要*/
    struct arc *next;    /*链域，指向下一邻接点*/
} ArcType;           /*边表结点*/
typedef struct
{
    ElemType    data;      / *顶点信息*/
    ArcType    *firstarc; /*指向第一条依附该顶点的边或弧的指针*/
} VertexType;           /*顶点表结点*/
typedef struct
{
    VertexType    vertexs[MAXNODE] ;
    int vexnum, arcnum;        /*图中顶点数和弧数*/
} AdjList;
```

(2)

```c
int visited[]=0;
finished[]=0;
flag=1;    /*flag 测试拓扑排序是否成功*/
ArcType  *final=null; /*final 是指向顶点链表的指针，初始化为 0*/
```

(3) 拓扑排序算法。

```c
void    dfs(AdjList g, VertexType    v)
    /*以顶点 v 开始深度优先遍历有向图 g，顶点信息就是顶点编号*/
{   ArcType *t; /*指向边结点的临时变量*/
    printf("%d", v); visited[v]=1; p=g[v].firstarc;
    while(p!=null)
    {   j=p->adjvex;
        if (visited[j]==1 && finished[j]==0)
            flag=0    /*dfs 结束前出现回边*/
        else
            if(visited[j]==0)
```

```
      {    dfs(g, j);
              finished[j]=1;
           }
           p=p->next;
       }
    t=(ArcNode *)malloc(sizeof(ArcNode)); /*申请边结点*/
    t->adjvex=v; t->next=final; final=t;      /*将该顶点插入链表*/
}
int dfs-Topsort(Adjlist g)
/*对以邻接表为存储结构的有向图进行拓扑排序,拓扑排序成功返回 1,否则返回 0*/
{   i=1;
     while (flag && i <=n)
     if (visited[i]==0)
     {
          dfs(g, i);
          finished[i]=1;
     }
     return(flag);
}
```

15. 给定 n 个村庄之间的交通图,若村庄 i 和 j 之间有道路,则将顶点 i 和 j 用边连接,边上的 W_{ij} 表示这条道路的长度,现在要从这 n 个村庄中选择一个村庄建一所医院,问这所医院应建在哪个村庄,才能使离医院最远的村庄的路程最短?试设计一个解答上述问题的算法,并应用该算法解答如图 7.20 所示的实例。

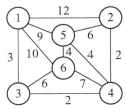

图 7.20　习题 15 图

【解答】　该题可用求每对顶点间最短路径的 FLOYD 算法求解。求出每一顶点(村庄)到其它顶点(村庄)的最短路径。在每个顶点到其它顶点的最短路径中,选出最长的一条。因为有 n 个顶点,所以有 n 条,在这 n 条最长路径中找出最短一条,它的出发点(村庄)就是医院应建立的村庄。

```
    void   Hospital(AdjMatrix w, int n)
        /*在以邻接带权矩阵表示的 n 个村庄中,求医院建在何处,使离医院最远的村庄到医院的
     路径最短*/
{   for (k=1; k<=n; k++)         /*求任意两顶点间的最短路径*/
     for (i=1; i<=n; i++)
        for (j=1; j<=n; j++)
          if (w[i][k]+w[k][j]<w[i][j])
              w[i][j]=w[i][k]+w[k][j];
          m=MAXINT;         /*设定 m 为机器内最大整数*/
```

```
       for (i=1; i<=n; i++)      /*求最长路径中最短的一条*/
       {   s=0;
           for (j=1; j<=n; j++)    /*求从某村庄 i(1<=i<=n)到其它村庄的最长路径*/
               if (w[i][j]>s) s=w[i][j];
           if ( s<=m)
           { m=s;
              k=i;
           } /*在最长路径中，取最短的一条。m 记最长路径，k 记出发顶点的下标*/
           printf("医院应建在%d 村庄，到医院距离为%d\n", i, m);
       }
     }
```

对以上实例模拟的过程略。医院应建在第三个村庄中，离医院最远的村庄到医院的距离是 6。

7.3　自测题及参考答案

一、填空题

1. 图有_____、_____等存储结构，遍历图有_____、_____等方法。

2. 有向图 G 用邻接矩阵存储，其第 i 行的所有元素之和等于顶点 i 的_____。

3. n 个顶点 e 条边的图，若采用邻接矩阵存储，则空间复杂度为_____。

4. n 个顶点 e 条边的图，若采用邻接表存储，则空间复杂度为_____。

5. 设有一稀疏图 G，则 G 采用_____存储较省空间。

6. 设有一稠密图 G，则 G 采用_____存储较省空间。

7. 图的逆邻接表存储结构只适用于_____图。

8. n 个顶点 e 条边的图采用邻接矩阵存储，深度优先遍历算法的时间复杂度为_____；若采用邻接表存储，则该算法的时间复杂度为_____。

9. 用普里姆(Prim)算法求具有 n 个顶点 e 条边的图的最小生成树的时间复杂度为_____；用克鲁斯卡尔(Kruskal)算法求得的时间复杂度是_____。

10. 若要求一个稀疏图 G 的最小生成树，最好用_____算法来求解。

11. 若要求一个稠密图 G 的最小生成树，最好用_____算法来求解。

12. 用 Dijkstra 算法求某一顶点到其余各顶点间的最短路径是按路径长度_____的次序来得到最短路径的。Dijkstra 算法时间复杂度为_____。

13. 有 n 个顶点的连通图最少有_____条边。

14. 设有向图的邻接矩阵为 A，如果图中不存在弧<V_i, V_j>，则 A[i, j]的值为_____。

15. 求最短路径的 FLOYD 算法的时间复杂度为_____。

二、单项选择题

1. 在一个图中，所有顶点的度数之和等于图的边数的_____倍。
　　A．1/2　　　　　　　　B．1　　　　　　　　C．2　　　　　　　　D．4

2. 在一个有向图中，所有顶点的入度之和等于所有顶点的出度之和的_____倍。
   A．1/2   B．1   C．2   D．4

3. 有 8 个结点的无向图最多有_____条边。
   A．14   B．28   C．56   D．112

4. 有 8 个结点的无向连通图最少有_____条边。
   A．5   B．6   C．7   D．8

5. 有 8 个结点的有向完全图有_____条边。
   A．14   B．28   C．56   D．112

6. 用邻接表表示图进行广度优先遍历时，通常是采用_____来实现算法的。
   A．栈   B．队列   C．树   D．图

7. 用邻接表表示图进行深度优先遍历时，通常是采用_____来实现算法的。
   A．栈   B．队列   C．树   D．图

8. 深度优先遍历类似于二叉树的_____。
   A．先序遍历   B．中序遍历   C．后序遍历   D．层次遍历

9. 广度优先遍历类似于二叉树的_____。
   A．先序遍历   B．中序遍历   C．后序遍历   D．层次遍历

10. 任何一个无向连通图的最小生成树_____。
   A．只有一棵   B．有一棵或多棵   C．一定有多棵   D．可能不存在

【参考答案】

一、填空题

1. 邻接矩阵、邻接表，深度优先遍历、广度优先遍历

2. 出度   3. $O(n^2)$ 4. $O(n+e)$ 5. 邻接表

6. 邻接矩阵   7. 有向   8. $O(n^2)$；$O(n+e)$

9. $O(n^2)$；$O(n+e)$ 10. 克鲁斯卡尔(Kruskal)

11. 普里姆(Prim)   12. 递增，$O(n^2)$

13. n−1   14. 0   15. $O(n^3)$

二、单项选择题

1．C 2．B 3．B 4．C 5．C 6．B 7．A 8．A 9．D 10．B

第八章　查　找　表

8.1　基本知识点

现实生活中，查找几乎无处不在，特别是现在的网络时代，查找占据了我们上网的大部分时间。本章介绍静态查找表、动态查找表和哈希表的概念、存储结构及实现方法。

1.　查找的基本概念

理解查找表、(主、次)关键字、查找、(查找成功时的)平均查找长度 ASL 等概念。

2.　静态查找表的查找法

顺序表、有序顺序表、索引顺序表上的查找算法有顺序查找法、折半查找法、分块查找法。

掌握这三种查找算法的查找过程、算法、平均查找长度和时间复杂度。

3.　动态查找表的查找法

树表的几种形式：二叉排序树，平衡二叉树，B 树。

掌握二叉排序树的概念及其构建过程、查找过程。

理解平衡二叉树的概念。平衡二叉树是二叉排序树的优化，其本质也是一种二叉排序树，只不过平衡二叉树对左、右子树的深度有了限定：深度之差的绝对值(即平衡因子)不得大于 1。

理解平衡二叉树的四种失衡调整算法。

m 路查找树和 B 树的概念：B 树是二叉排序树的进一步改进，也可以把 B 树理解为三叉、四叉……排序树。

了解各种树表查找算法中的 ASL。

4.　计算式查找法——哈希法

掌握哈希函数/哈希表的几种构造方法及处理冲突的几种方法。

了解哈希查找算法中的 ASL。

8.2　习　题　解　析

1. 若对大小均为 n 的有序顺序表和无序顺序表分别进行顺序查找，试在下面三种情况下，分别讨论两者在等概率时平均查找长度是否相同。

(1) 查找不成功，即表中没有关键字等于给定值 k 的记录；

(2) 查找成功，且表中只有一个关键字等于给定值 k 的记录；

(3) 查找成功，且表中若干个关键字等于给定值 k 的记录，一次查找要求找出所有记录，此时的平均查找长度应考虑找到所有记录时所用的比较次数。

【解答】

(1) 不相同。有序顺序表的平均查找长度小于无序顺序表的平均查找长度。前者的平均查找长度为 $1/(n+1)\sum\limits_{i=1}^{n+1} i =(n+2)/2$，而后者的平均查找长度为 n+1。但从数量级上两者是相同的，即 O(n)。

(2) 相同。两者在等概率时平均查找长度均为(n+1)/2，数量级为 O(n)。

(3) 不相同。有序顺序表的平均查找长度小于无序顺序表的平均查找长度。

2．试述顺序查找法、折半查找法和分块查找法对被查找表中的元素的要求；对长度为 n 的表，这三种查找法的平均查找长度各是多少？

【解答】 顺序查找法：对表中元素不要求有序，存储结构为顺序或链式。

折半查找法：要求表中元素有序，且要求顺序存储。

分块查找法：要求表中元素分块有序。

对表长为 n 的表进行查找，其平均查找长度的计算如下：

顺序查找法：平均查找长度为(n+1)/2；

折半查找法：平均查找长度为 $\log_2(n+1)-1$；

分块查找法：用顺序查找确定所在的块，平均查找长度为(n/s+s)/2+1；用折半查找确定所在的块，平均查找长度为 $\log_2(n/s+1)+s/2$。

3．什么是分块查找？它有什么特点？若一个表中共有 900 个元素，查找每个元素的概率相同，并假定采用顺序查找来确定所在的块，如何分块最佳？

【解答】 分块查找又称索引顺序查找，是顺序查找的一种改进。在此查找法中，除表本身外，需建立一个"索引表"。表本身分块有序，将表分成若干块，对每一块建立一个索引项，其中包含两项内容：关键字项和指针项。索引表按关键字有序，表或者有序或者分块有序。

分块查找分两步进行。先确定待查记录所在的块，然后在块中顺序查找。由于索引项组成的索引表按关键字有序，因此确定所在的块的查找可以用顺序查找，也可以用折半查找，而块中的记录是任意排列的，所以在块中只能是顺序查找。

分 30 块最佳。

4．假定对有序表(3，4，5，7，24，30，42，54，63，72，87，95)进行折半查找。

(1) 画出描述折半查找过程的判定树；

(2) 若查找元素 54，需依次与哪些元素比较？

(3) 若查找元素 90，需依次与哪些元素比较？

(4) 假定每个元素的查找概率相等，求查找成功时的平均查找长度。

【解答】

(1) 折半查找过程的判定树如图 8.1 所示。

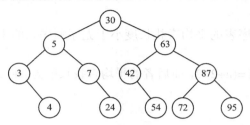

图 8.1 折半查找过程的判定树

(2) 查找元素 54，需依次与元素 30、63、42、54 进行比较。

(3) 查找元素 90，需依次与元素 30、63、87、95 进行比较。

(4) 求 ASL 之前，需要统计每个元素的查找次数为 $1 + 2 \times 2 + 4 \times 3 + 5 \times 4 = 37$ 次；所以

$$ASL = \frac{1}{12} \times (1 + 2 \times 2 + 4 \times 3 + 5 \times 4) = \frac{37}{12} = 3.08$$

5. 折半查找是否适合链表结构的序列？为什么？折半查找的查找速度必然比线性查找的查找速度快，这种说法对吗？

【解答】 折半查找需要根据数据元素的序号计算中间位置，链表结构不能按序号随机存取。所以，折半查找不适合链表结构的序列。

折半查找的查找速度不一定必然比线性查找的查找速度快，比如要查找的元素在第一个位置，线性查找进行一次比较即可找到。

6. 已知一长度为 11 的有序表，而且有序排列，试画出其折半查找的判定树，并求出在等概率情况下查找成功的平均查找长度。

【解答】 判定树如图 8.2 所示。

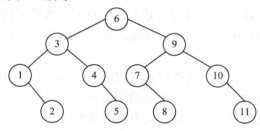

图 8.2 折半查找过程的判定树

查找长度为 $ASL = \dfrac{1 + 2 \times 2 + 3 \times 4 + 4 \times 4}{11} = 3$。

7. 直接在二叉排序树中查找关键字 K 与在中序遍历输出的有序序列中查找关键字 K，其效率是否相同？输入关键字有序序列来构造一棵二叉排序树，然后对此树进行查找，其效率如何？为什么？

【解答】 在二叉排序树上查找关键字 K，走了一条从根结点至多到叶子的路径，时间复杂度是 O(log₂n)，而在中序遍历输出的序列中查找关键字 K，时间复杂度是 O(n)。按序输入建立的二叉排序树蜕变为单支树，其平均查找长度是(n+1)/2，时间复杂度也是 O(n)。

8. 一棵二叉排序树结构如图 8.3 所示，各结点的值从小到大依次为 1～9，请标出各结点的值。

【解答】 各结点的值如图 8.4 所示。

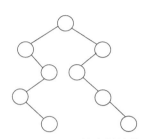
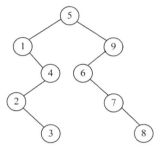

图 8.3 二叉排序树结构　　　　图 8.4 二叉排序树结构答案

9. 依次输入整数序列(86，50，78，59，90，64，55，23，100，40，80，45)，画出建立的二叉排序树，并画出将其中"50"删除后的二叉排序树。

【解答】 建立的二叉排序树如图 8.5 所示。

删除"50"后的二叉排序树如图 8.6 所示。

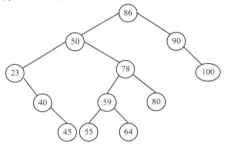
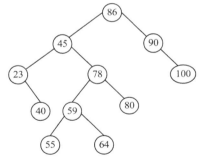

图 8.5 建立的二叉排序树　　　　图 8.6 删除"50"后的二叉排序树

10. 输入一个正整数序列(53，17，12，66，58，70，87，25，56，60)，试完成下列各问题。

(1) 按次序构造一棵二叉排序树 BS；

(2) 依此二叉排序树，如何得到一个从小到大的有序序列？

(3) 画出在此二叉排序树中删除"66"后的树结构。

【解答】

(1) 构造的二叉排序树见图 8.7。

(2) 采用中序方式遍历可以得到一个从小到大的有序序列。

(3) 删除"66"后的二叉排序树结构见图 8.8。

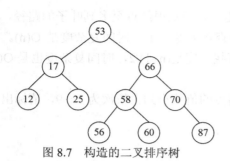

图 8.7 构造的二叉排序树   图 8.8 删除"66"后的二叉排序树结构

11. 给定序列{3，5，7，9，11，13，15，17}，按表中元素的顺序依次插入一棵初始为空的二叉排序树中，画出插入完成后的二叉排序树，并求其在等概率情况下查找成功的平均查找长度。

【解答】 按输入顺序进行插入后的二叉排序树如图 8.9 所示。其在等概率下查找成功的平均查找长度为 $ASL_{succ} = (1 + 2 + 3 + 4 + 5 + 6 + 7 + 8) / 8 = 4.5$。

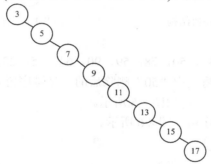

图 8.9 插入后的二叉排序树

12. HASH 方法的平均查找长度取决于什么？是否与结点个数 N 有关？处理冲突的方法主要有哪些？

【解答】 哈希方法的平均查找长度主要取决于装填因子(表中实有元素数与表长之比)，它反映了哈希表的装满程度，该值一般取 0.65～0.9。

处理冲突的基本方法有：

① 开放定址法：形成地址序列的公式是 $H_i = (H(key)+d_i)\% m$，其中 m 是表长，d_i 是增量。根据 d_i 取法不同，又分为三种：

a. $d_i = 1，2，\cdots，m-1$，称为线性探测再散列，发生冲突时，顺序查看表中下一单元，直到找出一个空单元或查遍全表。

b. $d_i = 1^2，-1^2，2^2，-2^2，\cdots，\pm k^2(k \leqslant m/2)$，称为二次探测再散列，发生冲突时，在表的左右进行跳跃式探测，比较灵活。

c. $d_i = $ 伪随机数序列，称为随机探测再散列。

② 链地址法：将所有关键字是同义词的元素连接成一条线性链表，并将其链头存在相应的哈希地址所指的存储单元中。

③ 再哈希法：$H_i = RH_i(key)$，$i = 1，2，\cdots，k$，是不同的散列函数，即在同义词产生

地址冲突时，计算另一个哈希函数地址，直到冲突不再发生。这种方法不易产生聚集，但增加了计算时间。

④ 建立公共溢出区：将哈希表分为基本表和溢出表两部分，凡是与基本表发生冲突的元素一律填入溢出表中。

13．设哈希函数 H(k) = k mod 7，哈希表的地址空间为 0～6，对关键字序列{32，13，49，18，22，38，21}，按链地址法处理冲突的办法构造哈希表，指出查找各关键字要进行几次比较，并分别计算查找成功和查找不成功时的平均查找长度。

【解答】 链地址法解决冲突形成的哈希表如图 8.10 所示。其中查找关键字 49、22、38、32、13 需比较一次；查找关键字 21、18 需比较两次。

查找成功的平均查找长度为

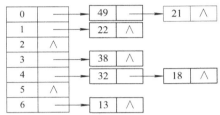

$$\mathrm{ASL_{SUCC}} = \frac{1}{7}(5\times1 + 2\times2) \approx 1.29$$

查找不成功的平均查找长度为

$$\mathrm{ASL_{UNSUCC}} = \frac{1}{7}(2\times1 + 3\times2 + 2\times3) = 2$$

图 8.10　解决冲突形成的哈希表

14．设有一组关键字{9, 1, 23, 14, 55, 20, 84, 27}，采用哈希函数：H(key)=key mod 7，表长为 10，用开放地址法的二次探测再散列方法 $H_i = (H(key)+d_i)\ mod\ 10(d_i=1^2,\ -1^2,\ 2^2,\ -2^2,\ 3^2,\ \cdots)$解决冲突。要求：对该关键字序列构造哈希表，并计算查找成功时的平均查找长度。

【解答】 对该关键字序列构造的哈希数如表 8.1 所示。

表 8.1　关键字序列构造哈希表

散列地址	0	1	2	3	4	5	6	7	8	9
关键字	14	1	9	23	84	27	55	20		
比较次数	1	1	1	2	4	3	1	2		

以关键字 27 为例：

H(27) = 27%7 = 6(冲突)

H_1 = (6+1)%10 = 7(冲突)

H_2 = (6−1)%10 = 5

所以比较了 3 次。

查找成功的平均查找长度为

$$\mathrm{ASL_{SUCC}} = \frac{1}{8}(4\times1 + 2\times2 + 1\times3 + 1\times4) = \frac{15}{8}$$

15．假设顺序表按关键字自大至小有序，试改写书中顺序查找算法，将监视哨设在高下标端。

【解答】 算法如下：

```
typedef struct{
    int key;
    Othertype other_data;
}recordtype;
typedef struct{
    recordtype elem[MAXSIZE];
    int length;
} SSTable;
int Search_Sq(SSTable ST, int key)
{
    ST.elem[ST.length+1].key=key;
    for(i=1; ST.elem[i].key>key; i++);
    if(i>ST.length||ST.elem[i].key<key) return 0;
    return i;
}
```

16. 试将折半查找算法改写成递归算法。

【解答】　算法如下：

```
int Search_Bin_Recursive(SSTable ST, int key, int low, int high)
{
    if(low>high)    return 0;
    mid=(low+high)/2;
    if(ST.elem[mid].key==key)    return mid;
        else if(ST.elem[mid].key>key)
            return Search_Bin_Recursive(ST, key, low, mid-1);
        else return Search_Bin_Recursive(ST, key, mid+1, high);
}
```

17. 试写一个判别给定二叉树是否为二叉排序树的算法，设此二叉树以二叉链表作存储结构，且树中结点的关键字均不同。

【解答】　算法如下：

```
typedef struct tnode
{   elemtype data;
    struct tnode *lchild, *lchild;
} tnode, *Bitree;
int last=0, flag=1;
int Is_BSTree(Bitree T)
{
    if(T->lchild&&flag)    Is_BSTree(T->lchild);
```

```
    if(T->data<last) flag=0;
        last=T->data;
    if(T->rchild&&flag)    Is_BSTree(T->rchild);
        return flag;
    }
```

18. 写出在二叉排序树中删除一个结点的算法，使删除后仍为二叉排序树。设删除结点由指针 p 所指，其双亲结点由指针 f 所指，并假设被删除结点是其双亲结点的右孩子。

【解答】　算法如下：

```
    void    Delete(BSTree t, p)
    /*在二叉排序树 t 中，删除 f 所指结点的右孩子(由 p 所指向)的算法*/
    {    if (p->lchild= =null)    /*p 无左子女*/
        {    f->rchild=p->rchild;
            free(p);
        }
        else /*用 p 左子树中的最大值代替 p 结点的值*/
        {    q=p->lchild;
            s=q;
            while (q->rchild)    /*查 p 左子树中序序列最右结点*/
            {    s=q;
                q=q->rchild;
            }
            if (s= =p->lchild)    /*p 左子树的根结点无右子女*/
            {    p->data=s->data;
                p->lchild=s->lchild;
                free (s); }
            else
            {    p->data=q->data;
                s->rchild=q->lchild;
                free (q); }
        }
    }
```

8.3　自测题及参考答案

一、填空题

1. 在数据的存放无规律而言的线性表中进行检索的最佳方法是_____。

2. 线性有序表(a_1，a_2，a_3，…，a_{256})是从小到大排列的，对一个给定的值 k，用二分法检索表中与 k 相等的元素, 在查找不成功的情况下, 最多需要检索_____次。设有 100 个结点, 用二分法查找时, 最大比较次数是_____。

3. 假设在有序线性表 a[20] 上进行折半查找, 则比较一次查找成功的结点数为 1, 比较两次查找成功的结点数为_____, 比较四次查找成功的结点数为_____, 平均查找长度为_____。

4. 折半查找有序表(4, 6, 12, 20, 28, 38, 50, 70, 88, 100), 若查找表中元素 20, 它将依次与表中元素_____比较大小。

5. 在各种查找方法中, 平均查找长度与结点个数 n 无关的查找方法是_____。

6. 散列法存储的基本思想是由_____决定数据的存储地址。

7. 有一个表长为 m 的散列表, 初始状态为空, 现将 n(n<m) 个不同的关键码插入到散列表中, 解决冲突的方法是用线性探测法。如果这 n 个关键码的散列地址都相同, 则探测的总次数是_____。

8. 对线性表进行二分查找时, 要求线性表必须_____。

9. 对二叉排序树进行_____遍历, 可得到结点的有序排列。

10. 哈希表表长 M 为 100, 用除留余数法构造哈希函数, 即 $H(K) = K \bmod P (P \leq M)$, 为使函数具有较好性能, P 应选_____。

二、单项选择题

1. 在表长为 n 的链表中进行线性查找, 它的平均查找长度为_____。

    A. ASL=n   B. ASL=(n+1)/2   C. ASL=$\sqrt{n}$+1   D. ASL≈$\log_2(n+1)$−1

2. 折半查找有序表(4, 6, 10, 12, 20, 30, 50, 70, 88, 100)。若查找表中元素 58, 则它将依次与表中_____比较大小, 查找结果是失败的。

    A. 20, 70, 30, 50   B. 30, 88, 70, 50

    C. 20, 50   D. 30, 88, 50

3. 对 22 个记录的有序表作折半查找, 当查找失败时, 至少需要比较_____次关键字。

    A. 3   B. 4   C. 5   D. 6

4. 链表适用于_____查找。

    A. 顺序   B. 二分法

    C. 顺序, 也能二分法   D. 随机

5. 折半搜索与二叉搜索树的时间性能_____。

    A. 相同   B. 完全不同

    C. 有时不相同   D. 数量级都是 $O(\log_2 n)$

6. 已知 10 个元素(54, 28, 16, 73, 62, 95, 60, 26, 43, 99), 按照依次插入的方法生成一棵二叉排序树, 查找值为 62 的结点所需比较次数为_____。

    A. 2   B. 3   C. 4   D. 5

7. 已知数据元素为(34, 76, 45, 18, 26, 54, 92, 65), 按照依次插入结点的方法生成一棵二叉排序树, 则该树的深度为_____。

    A. 4   B. 5   C. 6   D. 7

8. 有一个长度为 12 的有序表, 按二分查找法对该表进行查找, 假如表内各节点的查

找概率相等，那么查找成功所需的平均比较次数为_____。

    A．35/12   B．37/12   C．39/12   D．43/12

   9．最佳的二叉排序树是_____。

    A．结点个数最少的二叉排序树

    B．所有结点的左子树都为空的二叉排序树

    C．所有结点的右子树都为空的二叉排序树

    D．查找中平均比较次数最少的二叉排序树

【参考答案】

一、填空题

1．顺序查找(线性查找)

2．8，7

3．2，8，3.7

4．28，6，12，20

5．散列查找

6．关键字的值

7．$n(n-1)/2 = (1 + 2 + \cdots + n - 1)$

8．有序

9．中序

10．97

二、单项选择题

1．B   2．A   3．C   4．A   5．C   6．B   7．B   8．B   9．D

第九章　排　　序

9.1　基 本 知 识 点

本章介绍简单的排序方法(简单选择排序、直接插入排序、起泡排序)、先进的排序方法(归并排序、快速排序、堆排序)，以及基数排序基本原理及其实现方法。

1．排序的基本概念

内部排序和外部排序、稳定性，排序中的基本操作：比较和移动。

2．简单的排序方法

掌握简单选择排序、直接插入排序、起泡排序的排序过程、时间复杂度、空间复杂度及其稳定性分析。

3．先进的排序方法

快速排序方法：掌握对一组数据的排序过程，对应的二叉搜索树，快速排序过程中划分的层数和递归排序区间的个数。掌握快速排序的递归算法，它在平均情况下的时间和空间复杂度，在最坏情况下的时间和空间复杂度。

堆排序：掌握中建立初始堆的过程和利用堆排序的过程，对一个分支结点进行筛选运算的过程、算法及时间复杂度，整个堆排序的算法描述及时间复杂度。

归并排序：掌握对数据的排序过程，每趟排序前、后的有序表长度，归并排序的趟数、时间复杂度和空间复杂度，归并排序的递归和非递归算法的区别。

4．排序方法的选用

应视具体场合而定，一般情况下考虑的原则有：

① 待排序的记录个数 n；

② 记录本身的大小；

③ 关键字的分布情况；

④ 对排序稳定性的要求等。

9.2　习 题 解 析

1. 按照排序过程涉及的存储设备的不同，排序方法可分为哪几类？

【解答】　可分为内部排序和外部排序两大类。

2. 对于给定的一组键值：83，40，63，13，84，35，96，57，39，79，61，15，分别画出应用直接插入排序、直接选择排序、快速排序、堆排序、归并排序进行排序的各趟结果。

【解答】

① 直接插入排序：

序号	1	2	3	4	5	6	7	8	9	10	11	12
关键字	83	40	63	13	84	35	96	57	39	79	61	15
i = 2	40	83	[63	13	84	35	96	57	39	79	61	15]
i = 3	40	63	83	[13	84	35	96	57	39	79	61	15]
i = 4	13	40	63	83	[84	35	96	57	39	79	61	15]
i = 5	13	40	63	83	84	[35	96	57	39	79	61	15]
i = 6	13	35	40	63	83	84	[96	57	39	79	61	15]
i = 7	13	35	40	63	83	84	96	[57	39	79	61	15]
i = 8	13	35	40	57	63	83	84	96	[39	79	61	15]
i = 9	13	35	39	40	57	63	83	84	96	[79	61	15]
i = 10	13	35	39	40	57	63	79	83	84	96	[61	15]
i = 11	13	35	39	40	57	61	63	79	83	84	96	[15]
i = 12	13	15	35	39	40	57	61	63	79	83	84	96

② 直接选择排序：

序号	1	2	3	4	5	6	7	8	9	10	11	12
关键字	83	40	63	13	84	35	96	57	39	79	61	15
i = 1	13	[40	63	83	84	35	96	57	39	79	61	15]
i = 2	13	15	[63	83	84	35	96	57	39	79	61	40]
i = 3	13	15	35	[83	84	63	96	57	39	79	61	40]
i = 4	13	15	35	39	[84	63	96	57	83	79	61	40]
i = 5	13	15	35	39	40	[63	96	57	83	79	61	84]
i = 6	13	15	35	39	40	57	[96	63	83	79	61	84]
i = 7	13	15	35	39	40	57	61	[63	83	79	96	84]
i = 8	13	15	35	39	40	57	61	63	[83	79	96	84]
i = 9	13	15	35	39	40	57	61	63	79	[83	96	84]
i = 10	13	15	35	39	40	57	61	63	79	83	[96	84]
i = 11	13	15	35	39	40	57	61	63	79	83	84	[96]

③ 快速排序：

关键字	83	40	63	13	84	35	96	57	39	79	61	15
第一趟排序后	[15	40	63	13	61	35	79	57	39]	83	[96	84]
第二趟排序后	[13]	15	[63	40	61	35	79	57	39]	83	84	[96]
第三趟排序后	13	15	[39	40	61	35	57]	63	[79]	83	84	96
第四趟排序后	13	15	[35]	39	[61	40	57]	63	79	83	84	96
第五趟排序后	13	15	35	39	[57	40]	61	63	79	83	84	96

第六趟排序后　13　　15　　35　　39　　40　　[57]　61　　63　　79　　83　　84　　96
第七趟排序后　13　　15　　35　　39　　40　　57　　61　　63　　79　　83　　84　　96

④ 堆排序：

关键字	83	40	63	13	84	35	96	57	39	79	61	15
第一次调整	[96]	84	83	57	79	35	63	13	39	40	61	15
第二次调整	[96	84]	79	83	57	61	35	63	13	39	40	15
第三次调整	[96	84	83]	79	63	57	61	35	15	13	39	40
第四次调整	[96	84	83	79]	61	63	57	40	35	15	13	39
第五次调整	[96	84	83	79	63]	61	39	57	40	35	15	13
第六次调整	[96	84	83	79	63	61]	57	39	13	40	35	15
第七次调整	[96	84	83	79	63	61	57]	40	39	13	15	35
第八次调整	[96	84	83	79	63	61	57	40]	35	39	13	15
第九次调整	[96	84	83	79	63	61	57	40	39]	35	15	13
第十次调整	[96	84	83	79	63	61	57	40	39	35]	13	15
第十一次调整	[96	84	83	79	63	61	57	40	39	35	15]	13

排序成功的序列：96　84　83　79　63　61　57　40　39　35　15　13

⑤ 归并排序：

关键字	83	40	63	13	84	35	96	57	39	79	61	15
第一趟排序后	[40	83]	[13	63]	[35	84]	[57	96]	[39	79]	[15	61]
第二趟排序后	[13	40	63	83]	[35	57	84	96]	[15	39	61	79]
第三趟排序后	[13	35	40	57	63	83	84	96]	[15	39	61	79]
第四趟排序后	13	15	35	39	40	57	61	63	79	83	84	96

3. 判别下列序列是否为堆(小根堆或大根堆)，若不是，则将其调整为堆：

(1) (100, 86, 48, 73, 35, 39, 42, 57, 66, 21);

(2) (12, 70, 33, 65, 24, 56, 48, 92, 86, 33);

(3) (103, 97, 56, 38, 66, 23, 42, 12, 30, 52, 06, 20);

(4) (05, 56, 20, 23, 40, 38, 29, 0.1, 35, 76, 28, 100)。

【解答】 堆的性质是：任一非叶结点上的关键字均不大于(或不小于)其孩子结点上的关键字。据此我们可以通过画二叉树来进行判断和调整：

(1) 此序列是大根堆。

(2) 此序列不是堆，经调整后成为小根堆。

　　(12，24，33，65，33，56，48，92，86，70)

(3) 此序列是一大根堆。

(4) 此序列不是堆，经调整后成为小根堆。

　　(01，05，20，23，28，38，29，56，35，76，40，100)

4. 将两个长度为 n 的有序表归并为一个长度为 2n 的有序表，最少需要比较 n 次，最多需要比较 2n−1 次，请说明这两种情况发生时，两个被归并的表有何特征。

【解答】　前一种情况下，这两个被归并的表中其中一个表的最大关键字不大于另一表中最小的关键字，也就是说，两个有序表是直接可以连接为有序的，因此，只需比较 n 次就可将一个表中元素转移完毕，另一个表全部照搬就行了。

另一种情况下，是两个被归并的有序表中关键字序列完全一样，这时就要按次序轮流取其元素归并，因此比较次数达到 2n−1 次。

5. 试举例说明快速排序的不稳定性, 快速排序是否在任何情况下都是效率很好的排序?

【解答】　例如: 对序列{48　62　35　77　55 14　35　98}，一次划分后结果为

$$\{\underline{35}\quad 14\quad 35\}\ 48\ \{55\quad 77\quad 62\quad 98\}$$

最终结果为

$$14\quad \underline{35}\quad 35\quad 48\quad 55\quad 62\quad 77\quad 98$$

从本例子可看出快速排序是不稳定的。

快速排序在待排序列有序的情况下效率达最坏，时间复杂度为 $O(n^2)$。

6. 什么是内排序? 什么是外排序? 排序方法的稳定性指的是什么? 常用的内部排序方法中哪些排序方法是不稳定的?

【解答】　内排序是排序过程中参与排序的数据全部在内存中所做的排序，排序过程中无需进行内外存数据传送，决定排序方法时间性能的主要是数据排序码的比较次数和数据对象的移动次数。外排序是在排序的过程中参与排序的数据太多，在内存中容纳不下，因此在排序过程中需要不断进行内外存的信息传送的排序。决定外排序时间性能的主要是读写磁盘次数和在内存中总的记录对象的归并次数。

不稳定的排序方法主要有希尔排序、直接选择排序、堆排序、快速排序。不稳定的排序方法往往是按一定的间隔移动或交换记录对象的位置，从而可能导致具有相等排序码的不同对象的前后相对位置在排序前后颠倒过来。其他排序方法中如果有数据交换，只是在相邻的数据对象间比较排序码，如果发生逆序(与最终排序的顺序相反的次序)才交换，因此具有相等排序码的不同对象的前后相对位置在排序前后不会颠倒，是稳定的排序方法。但如果把算法中判断逆序的比较 >(或 <)改写成≥(或≤)，也可能造成不稳定。

7. 希尔排序、简单选择排序、快速排序和堆排序是不稳定的排序方法, 试举例说明。

【解答】

(1) 希尔排序:

　　{ 512 275 275* 061 }　增量为 2

　　{ 275* 061 512 275 }　增量为 1

　　{ 061 275* 275 512 }

(2) 简单选择排序:

　　{ 275 275* 512 061 } i = 1

　　{ 061 275* 512 275 } i = 2

　　{ 061 275* 512 275 } i = 3

　　{ 061 275* 275 512 }

(3) 快速排序：

　　{ 512 275 275* }

　　{ 275* 275 512 }

(4) 堆排序：

　　{ 275 275* 061 170 } 已经是最大堆，交换 275 与 170

　　{ 170 275* 061 275 } 对前 3 个调整

　　{ 275* 170 061 275 } 前 3 个最大堆，交换 275*与 061

　　{ 061 170 275* 275 } 对前 2 个调整

　　{ 170 061 275* 275 } 前 2 个最大堆，交换 170 与 061

　　{ 061 170 275* 275 }

8. 希尔排序中按某个增量序列将表分成若干个子序列，对子序列分别进行直接插入排序，最后一趟对全部记录进行一次直接插入排序。那么，希尔排序的时间复杂度肯定比直接插入排序大。这句话对不对？为什么？

【解答】 不对。直接插入排序在序列基本有序或表长较小时，其效率即可大大提高。希尔排序正是从这两点出发对直接插入排序进行改进的一种排序方法。

9. 给定一个关键字序列{24，19，32，43，38，6，13，22}，请写出快速排序第一趟的结果，堆排序时所建的初始堆，归并排序的全过程。然后回答：上述三种排序方法中哪一种方法使用的辅助空间最少？哪一种方法最坏情况下的时间复杂度最差？

【解答】 快速排序的第一趟结果为{22，19，13，6，24，38，43，32}。

堆排序时所建立的初始小顶堆如图 9.1 所示。

归并排序的过程如下：

　　24　19　32　43　　38　　6　13　22

　　[19　24] [32　43] [6　38] [13　22]

　　[19　24　32　43] [6　13　22　38]

　　[　6　13　19　22　24　32　　38 43]

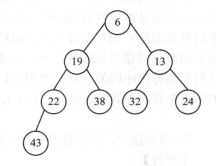

三种排序方法所需辅助空间：堆是 $O(1)$，快速排序是 $O(\log_2 n)$，归并排序是 $O(n)$，可见堆排序所需辅助空间较少。三种排序方法最坏情况下所需时间：堆是 $O(n\log_2 n)$，快速排序是 $O(n^2)$，归并排序是 $O(n\log_2 n)$。可见快速排序时间复杂度最差。

图 9.1　初始小顶堆

10. 设有 5000 个无序元素，要求用最快的速度挑选出其中前 5 个元素，在快速排序、希尔排序、堆排序、归并排序、基数排序中，采用哪一种最好？为什么？

【解答】 采用堆排序最好。

因为其他排序方法要在 5000 个元素中挑选出其中前 5 个元素，必须将所有元素排序之后才能获得，而只有堆排序只调用 5 次筛选过程即可。

堆排序不稳定。

11. 编写一个双向起泡的排序算法，即相邻两边向相反方向起泡。

【解答】 算法如下：

```
void Bubble_Sort2(int a[ ], int n)
{   int i, t, low, high, change;
    low=0; high=n-1;
    change=1;
    while(low<high&&change)
    {   change=0;
        for(i=low; i<high; i++)
          if(a[i]>a[i+1])
          {   t=a[i];
              a[i]=a[i+1];
              a[i+1]=t;
              change=1;   }
        high--;
        for(i=high; i>low; i--)
          if(a[i]<a[i-1])
          {   t=a[i];
              a[i]=a[i-1];
              a[i-1]=t;
              change=1;   }
        low++;
    }
}
```

12. 试以单链表作为存储结构实现简单选择排序算法。

【解答】 算法如下：

```
typedef struct Node                  /*结点类型定义*/
{   ElemType data；
    struct Node   *next;
}Node,   *LinkList；                  /*LinkList 为结构指针类型*/
void LinkedList_Select_Sort(LinkList L)
{   LinkList p, q, r, s, t;
    for(p=L; p->next->next; p=p->next)
    {   q=p->next; x=q->data;
        for(r=q, s=q; r->next; r=r->next)
          if(r->next->data<x)
          {   x=r->next->data;
              s=r; }
```

```
        if(s!=q)
    {  p->next=s->next; s->next=q;
        t=q->next; q->next=p->next->next;
      p->next->next=t;    }
    }
  }
```

13．试以单链表作为存储结构实现直接插入排序算法。

【解答】　算法如下：

```
    #define int KeyType            /*定义 KeyType 为 int 型*/
    typedef struct node{
        KeyType key;               /*关键字域*/
        OtherInfoType info;        /*其它信息域*/
        struct node * next;        /*链表中指针域*/
    }RecNode;              /*记录结点类型*/
    typedef RecNode * LinkList ;     /*单链表用 LinkList 表示*/
    void InsertSort(LinkList head)
    {  /*链式存储结构的直接插入排序算法 head 是带头结点的单链表*/
        RecNode *p, *q, *s;
        if ((head->next)&&(head->next->next))   /*当表中含有结点数大于 1 时*/
        {  p=head->next->next;        /*p 指向第二个结点*/
            head->next=NULL;
            q=head; /*指向插入位置的前驱结点*/
            while(p)&&(q->next)&&(p->key<q->next->key)
                q=q->next;
            if (p)
            {  s=p; p=p->next;  /*将要插入结点摘下*/
                s->next=q->next;      /*插入合适位置：q 结点后*/
                q->next=s;
            }
        }
    }
```

14．输入 50 个学生的记录(每个学生的记录包括学号和成绩)，组成记录数组，然后按成绩由高到低的次序输出(每行 10 个记录)。

【解答】　算法如下：

```
    typedef struct
    {  int num;
        float score;
```

```
}RecType;
void SelectSort(RecType R[51]，int n)
{   for(i=1; i<n; i++)
    {   /*选择第 i 大的记录，并交换到位*/
        k=i; /*假定第 i 个元素的关键字最大*/
        for(j=i+1; j<=n; j++)        /*找最大元素的下标*/
        if(R[j].score>R[k].score)   k=j;
            if(i!=k) R[i] <-->R[k]; /*与第 i 个记录交换*/
    }
    for(i=1; i<=n; i++)   /*输出成绩*/
    {   printf("%d, %f", R[i].num, R[i].score);
        if(i%10==0) printf("\n"); }
}
```

15. 已知$(k_1，k_2，\cdots，k_n)$是堆，试写一个算法将$(k_1，k_2，\cdots，k_n，k_{n+1})$调整为堆。按此思想写一个从空堆开始一个一个填入元素的建堆算法(题示：增加一个 k_{n+1} 后应从叶子向根的方向调整)。

【解答】 此问题分为两个算法，第一个算法 shift 假设 a[1], a[2], …, a[k]为堆，增加一个无素 a[k + 1]，把数组 a[1]，a[2]，…，a[k + 1]调整为堆。第二个算法 heep 从 1 开始调用算法 sift 将整个数组调整为堆。

```
void sift (datatype a[ n ], int K)    /*n > = k + 1*/
{   x = a[ K+1] ;
    i = K +1 ;
    while ( ( i/2 > 0 )&&( a[i/2]>x) )
    {   a[i]= a[i./2];
        i = i/2;
    }    /*从下往上插入位置*/
    a[i] = x ;
}
void heap ( datatype A[ n ] ) ; /*从 1 开始调用算法 sift，将整个数组调整为堆*/
{   for ( k = 1; k <= n-1; k++)
    sift ( A, k );
}
```

9.3   自测题及参考答案

一、填空题

1. 大多数排序算法都有两个基本的操作：_____和_____。

2. 在对一组记录(54，38，96，23，15，72，60，45，83)进行直接插入排序时，当把第 7 个记录 60 插入到有序表时，为寻找插入位置至少需比较_____次。

3. 在插入和选择排序中，若初始数据基本为正序，则选用_____；若初始数据基本为反序，则选用_____。

4. 在堆排序和快速排序中，若初始记录接近正序或反序，则选用_____；若初始记录基本无序，则最好选用_____。

5. 对于 n 个记录的集合进行冒泡排序，在最坏的情况下所需要的时间是_____。若对其进行快速排序，在最坏的情况下所需要的时间是_____。

6. 对于 n 个记录的集合进行归并排序，所需要的平均时间是_____，所需要的附加空间是_____。

7. 对于 n 个记录的表进行 2 路归并排序，整个归并排序需进行_____趟。

8. 设用希尔排序对数组{98，36，−9，0，47，23，1，8，10，7}进行排序，给出的步长依次是 4，2，1，则排序需_____趟，第一趟结束后，数组中数据的排列次序为_____。

9. 分别采用堆排序、快速排序、冒泡排序和归并排序，对初态为有序的表，则最省时间的是_____算法，最费时间的是_____算法。

二、单项选择题

1. 将 5 个不同的数据进行直接选择排序，至多需要比较_____次。
    A．8   B．9   C．10   D．25

2. 排序方法中，从未排序序列中依次取出元素与已排序序列(初始时为空)中的元素进行比较，将其放入已排序序列的正确位置上的方法称为_____。
    A．冒泡排序   B．希尔排序   C．插入排序   D．选择排序

3. 从未排序序列中挑选元素，并将其依次插入已排序序列(初始时为空)的一端的方法称为_____。
    A．希尔排序   B．归并排序   C．插入排序   D．选择排序

4. 对 n 个不同的排序码进行冒泡排序，在下列各种情况下比较次数最多的是_____。
    A．从小到大排列好的   B．从大到小排列好的
    C．元素无序   D．元素基本有序

5. 对 n 个不同的排序码进行冒泡排序，在元素无序的情况下比较的次数为_____。
    A．n+1   B．n   C．n−1   D．n(n−1)/2

6. 快速排序在下列各种情况下最易发挥其长处的是_____。
    A．被排序的数据中含有多个相同排序码
    B．被排序的数据已基本有序
    C．被排序的数据完全无序
    D．被排序的数据中的最大值和最小值相差悬殊

7. 对有 n 个记录的表作快速排序，在最坏情况下，算法的时间复杂度是_____。
    A．$O(n)$ B．$O(n^2)$ C．$O(n\log_2 n)$ D．$O(n^3)$

8. 若一组记录的排序码为(46, 79, 56, 38, 40, 84)，则利用快速排序的方法，以第一个记录为基准得到的一次划分结果为_____。

A．38, 40, 46, 56, 79, 84　　　　　　B．40, 38, 46, 79, 56, 84

　　　C．40, 38, 46, 56, 79, 84　　　　　　D．40, 38, 46, 84, 56, 79

9．下列关键字序列中，_____是堆。

　　　A．16, 72, 31, 23, 94, 53　　　　　　B．94, 23, 31, 72, 16, 53

　　　C．16, 53, 23, 94, 31, 72　　　　　　D．16, 23, 53, 31, 94, 72

10．堆是一种_____排序。

　　　A．插入　　　　　B．选择　　　　　　C．交换　　　　　　D．归并

11．堆的形状是一棵_____。

　　　A．二叉排序树　　　　　　　　　　　B．满二叉树

　　　C．完全二叉树　　　　　　　　　　　D．平衡二叉树

12．若一组记录的排序码为(46, 79, 56, 38, 40, 84)，则利用堆排序的方法建立的初始堆为_____。

　　　A．79, 46, 56, 38, 40, 84　　　　　　B．84, 79, 56, 38, 40, 46

　　　C．84, 79, 56, 46, 40, 38　　　　　　D．84, 56, 79, 40, 46, 38

13．下述几种排序方法中，要求内存最大的是_____。

　　　A．插入排序　　　　　　　　　　　　B．快速排序

　　　C．归并排序　　　　　　　　　　　　D．选择排序

【参考答案】

　一、填空题

　　1．比较 和 移动

　　2．6

　　3．插入；选择

　　4．堆排序；快速排序

　　5．$O(n^2)$；$O(n^2)$

　　6．$O(n\log_2 n)$，$O(n)$

　　7．$\lceil \log_2 n \rceil$

　　8．3, (10, 7, −9, 0, 47, 23, 1, 8, 98, 36)

　　9．冒泡，快速

　二、单项选择题

　　1．C　　2．C　　3．D　　4．B　　5．D　　6．C　　7．B　　8．C

　　9．D　　10．B　　11．C　　12．B　　13．C

附录一　硕士研究生入学考试试题及答案(一)

一、填空题(每空 2 分，共 20 分)

1. 在高度为 h、结点数为 n 的二叉排序中，查找一个结点最多需要比较(　　　)次。

2. 用顺序查找方法从长度为 n 的顺序表或单链表中查找一个元素时，平均查找长度为(　　　)。

3. 一个有 n 个结点的完全二叉树，其高度为(　　　)。

4. 从一维数组 a[n] 中顺序查找出一个最小值元素的时间复杂度为(　　　)。

5. 目前内部排序的时间复杂度最好能达到(　　　)。

6. 设循环队列中数组的下标范围是 0 到 n−1，f 表示队首元素的前驱位置，r 表示队尾元素的位置，则队列中元素个数为(　　　)。

7. 首地址为 1000 字节的数组 A，其每个元素的长度占 3 个字节，行下标 i 从 1 到 8，列下标 j 从 1 到 10，设按行存放，则元素 A[8][6] 的起始地址为(　　　)。

8. 在理想情况下，散列表中查找一个元素的时间复杂度为(　　　)。

9. 具有 n 个顶点和 e 条边的图以邻接表作存储结构，其深度优先搜索算法的时间复杂度为(　　　)。

10. 若线性表最常用的操作是存取第 i 个元素及其前驱的值，则采用(　　　)存储方式比较节省时间。

二、简答题(任选 6 道试题，每题 5 分，共 30 分)

1. 简述在线性表中设置头结点的作用。

2. 简述顺序表与链表的特点。

3. 简述顺序栈的结构特点、栈满与栈空的判断条件。

4. 顺序队列的"假溢出"是怎样产生的？如何知道循环队列是空还是满？

5. 特殊矩阵和稀疏矩阵哪一种压缩存储后会失去随机存取的功能？为什么？

6. 一棵度为 2 的树与一棵二叉树有何区别？树与二叉树之间有何区别？

7. 试述顺序查找法、折半查找法和分块查找法对被查找表中的元素的要求；对于长度为 n 的表，这三种查找法的平均查找长度各是多少？

8. 什么样的图其最小生成树是唯一的？用 Prim 和 Kruskal 算法求最小生成树的时间复杂度各为多少？它们分别适合于哪种类型的图？

三、综合题(任选 5 题试题，每题 12 分，共 60 分)

1. 设二叉树的顺序存储结构如下：

1	2	3	4	5	6	7	8	9	10	11	12	13	14	15	16	17	18	19	20
A	B	C	∧	D	∧	E	∧	∧	F	∧	∧	∧	G	H	∧	∧	∧	∧	I

(1) 根据其存储结构，画出该二叉树。

(2) 写出按前序、中序、后序遍历该二叉树所得的结点序列。

2．假定用于通信的电文仅由 8 个字母{a, b, c, ,d, e, f, g, h}组成，各字母在电文中出现的频率分别为 4, 25, 3, 6, 10, 11, 36, 5。试为这 8 个字母设计不等长哈夫曼(Huffman)编码，并给出该电文的总码数。

3．设散列函数 H(k) = k mod 7，散列表的地址空间为 0～6，对关键字序列{32, 13, 14, 18, 15, 38, 21}按链地址法处理冲突的办法构造哈希表，并指出查找各关键字要进行几次比较。

4．已知某图 G 的邻接表如试题图 1.1 所示。

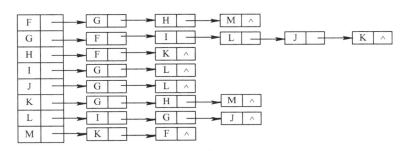

试题图 1.1　图 G 的邻接表

(1) 画出此邻接表所对应的无向图；

(2) 写出从 F 出发的深度优先搜索序列；

(3) 写出从 F 出发的广度优先搜索序列。

5．给定一个关键字序列{24, 19, 32, 43, 38, 6, 13, 22}，请写出快速排序第一趟的结果；堆排序时所建的初始堆；归并排序的全过程。然后回答：上述三种排序方法中哪一种方法使用的辅助空间最少？最坏情况下哪种方法的时间复杂度最差？

6．给定二叉树的两种遍历序列如下：

前序遍历序列：A，B，C，D，E，F，G，H，I；

中序遍历序列：D，C，B，E，A，G，F，I，H。

试画出二叉树 B，并简述由任意二叉树 B 的前序遍历序列和中序遍历序列求二叉树 B 的思想方法。

四、算法与程序设计题(任选 2 题，每题 15 分，共 30 分)

答题要求：

① 用自然语言说明所采用算法的思想；

② 给出每个算法所需的数据结构定义，并做必要说明；

③ 用 C 语言或 PASCAL 语言写出对应的算法程序，并加上必要的注释。

1．写出折半查找的非递归和递归算法。

2．试写一个判别给定二叉树是否为二叉排序树的算法，设此二叉树以二叉链表作存储结构，且树中结点的关键字均不同。

3. 设顺序表 L 中的数据元素递减有序，试写一算法，将 key 插入到顺序表的适当位置上，以保持该表的有序性。

【答案】

一、填空题

1. h
2. (n+1)/2
3. $\log_2(n+1)$
4. O(n)
5. $O(N*\log_2 N)$
6. (r−f+n)mod n
7. 1225
8. O(1)
9. n+e
10. 顺序

二、简答题

1. 答：头结点是在线性链表第一个结点前添加的结点，指向第一个结点的地址，是链表查询的开始。有了头结点，数据结点的插入或删除操作将统一进行，不需要额外处理对第一个结点的操作。

2. 答：顺序表是一种随机存储的数据结构，逻辑相邻的元素间物理位置也相邻，在插入和删除一个元素时几乎要移动一半的数据元素。链表是应用指针来连接元素间的关系的，逻辑相邻的元素间物理位置不一定相邻，插入和删除元素不需要移动元素。

3. 答：顺序栈的特点为元素间逻辑相邻其物理位置也相邻，是先进后出、后进先出的线性表。 栈空条件为栈顶指针指向栈底，栈满条件为栈顶指针达到顺序栈的最大值。

4. 答：一般的一维数组队列的尾指针已经到了数组的上界，不能再有入队操作，但其实数组中还有空位置，这就叫"假溢出"。采用循环队列是解决假溢出的途径。

另外，解决队满队空有三种方法：

(1) 设置一个布尔变量以区别队满还是队空；

(2) 浪费一个元素的空间，用于区别队满还是队空；

(3) 使用一个计数器记录队列中元素个数(即队列长度)。

我们常采用方法(2)，即队头指针、队尾指针中有一个指向实元素，而另一个指向空闲元素。

判断循环队列队空标志是 front=rear；队满标志是 front=(rear+1)%N。

5. 答：稀疏矩阵在采用压缩存储后将会失去随机存储的功能。因为在这种矩阵中，非零元素的分布是没有规律的，为了压缩存储，就将每一个非零元素的值和它所在的行、列号做为一个结点存放在一起。这样的结点组成的线性表叫三元组表，它已不是简单的向量，所以无法用下标直接存取矩阵中的元素。

6. 答：度为 2 的树有两个分支，没有左右之分；一棵二叉树也有两个分支，但有左右之分。树与二叉树的区别如下：

(1) 二叉树的结点至多有二个子树，树型则不然；

(2) 二叉树的结点的子树有左右之分，树型则不然；

7. 答：顺序查找法：表中元素可以任意存放，平均查找长度为(n+1)/2；

折半查找法：表中元素必须以关键字的大小有序排列，平均查找长度为 $\log_2(n+1)-1$；

分块查找法：分块查找又称索引顺序查找，表本身分块有序。

若用顺序查找确定所在的块，平均查找长度为 $1/2*(n/s+s)-1$；

若用折半查找确定所在的块，平均查找长度为 $\log_2(n/s+1)+s/2$。

8．答：(1) 具有 n 个结点，n-1 条边的连通图其生成树是唯一的。

(2) 具有 n 个结点 e 条边的无向连通图求最小生成树的时间复杂度，Prim 算法为 $O(n^2)$，Kruskal 算法为 $O(e*\log_2e)$。

(3) Prim 算法适应于稠密图(点少边多)；Kruskal 算法适应于稀疏图(点多边少)。

三、综合题

1．【解答】 该存储结构对应的二叉树如试题图 1.2 所示。

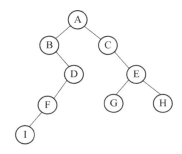

试题图 1.2 对应二叉树结构图

(2) 前序序列为 A B D F I C E G H；

中序序列为 B I F D A C G E H；

后序序列为 I F D B G H E C A。

2．【解答】 已知字母集{a, b, c, d, e, f, g, h}，频率为{4, 25, 3, 6, 10, 11, 36, 5}，则 Huffman 编码如下：

a	b	c	d	e	f	g	h
0001	10	0000	0111	001	010	11	0110

哈夫曼树如试题图 1.3 所示。

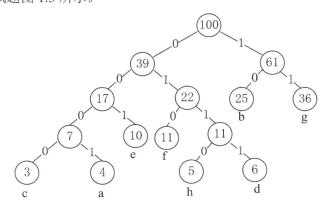

试题图 1.3 构造的哈夫曼(Huffman)树

电文总码数为 $4 \times 4 + 2 \times 25 + 4 \times 3 + 4 \times 6 + 3 \times 10 + 3 \times 11 + 2 \times 36 + 4 \times 5 = 257$。

3.【解答】 链地址法解决冲突形成的哈希表如试题图 1.4 所示。

其中查找关键字 14、15、38、32、13 需比较一次；查找关键字 21、18 需比较两次。

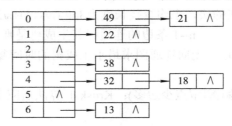

试题图 1.4 链地址法解决冲突形成的哈希表

4.【解答】

(1) 邻接表对应的无向图如试题图 1.5 所示。

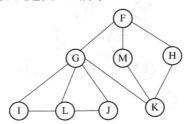

试题图 1.5　邻接表对应的无向图

(2) 从 F 出发的深度优先搜索序列为 F G I L J K H M。

(3) 从 F 出发的广度优先搜索序列为 F G H M I L J K。

5.【解答】 快速排序的第一趟结果为{22，19，13，6，24，38，43，32}；

堆排序时所建立的初始小顶堆如试题图 1.6 所示。

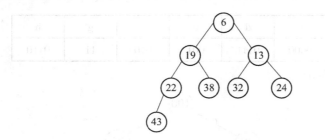

试题图 1.6　构建初始堆的过程

归并排序的过程如下：

```
    24    19    32    43    38     6     13    22
   [19    24]  [32    43]  [6     38]  [13    22]
   [19    24    32    43]  [6     13    22    38]
   [ 6    13    19    22    24    32    38    43]
```

三种排序方法所需辅助空间为：堆是 O(1)，快速排序是 $O(\log_2 n)$，归并排序是 O(n)，可见堆排序所需辅助空间较少。

三种排序方法最坏情况下所需时间为：堆是 $O(n\log_2n)$，快速排序是 $O(n^2)$，归并排序是 $O(n\log_2n)$。可见快速排序时间复杂度最差。

6.【解答】　前序遍历序列和中序遍历序列求二叉树的思想方法是：由前序先确定根，由中序可确定根的左、右子树。然后由其左子树的元素集合和右子树的集合对应前序遍历序列中的元素集合，可继续确定根的左右孩子。将它们分别作为新的根，不断递归，则所有元素都将被唯一确定，问题得解。

所得二叉树 B 如试题图 1.7 所示。

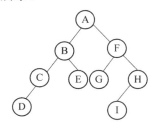

试题图 1.7　二叉树

四、算法与程序设计题

1.【解答】　算法如下：

```
int Search_Bin_Recursive(SSTable ST,int key,int low,int high)
{
    if(low>high) return 0;
    mid=(low+high)/2;
    if(ST.elem[mid].key==key) return mid;
        else if(ST.elem[mid].key>key)   return Search_Bin_Recursive(ST,key,low,mid-1);
                else return Search_Bin_Recursive(ST,key,mid+1,high);
}
```

2.【解答】　算法如下：

```
typedef struct tnode
{   elemtype   data;
    struct tnode    *lchild, *lchild;
} tnode,*Bitree;
int last=0,flag=1;
int Is_BSTree(Bitree T)
{
    if(T->lchild&&flag) Is_BSTree(T->lchild);
    if(T->data<last) flag=0;
    last=T->data;
    if(T->rchild&&flag) Is_BSTree(T->rchild);
    return flag;
}
```

3. 【解答】 算法如下：

```
#define MAXSIZE=线性表可能达到的最大长度
typedef  struct
{   DataType   data[MAXSIZE];   /*线性表占用的数组空间*/
    int   last;  /*记录线性表中最后一个元素在数组 elem[]中的位置(下标值)，空表置为–1*/
} SeqList;
int Insert_SeqList(SeqList *L, int key)
{
    int i;
    if (L->last+1>MAXSIZE) return 0;
        L->last++;
    for (i=L->last-1; L->data[i]<key &&i>=0; i--)
        L>data[i+1]=L->data[i];
        L->data[i+1]=key;
        return 1;
}
```

附录二 硕士研究生入学考试试题及答案(二)

一. 单项选择题(每题 2 分，共 20 分)

1. 线性表采用链表存储，其地址(　　　　)。
   A. 必须是连续的　　　　　　　　　B. 部分地址必须是连续的
   C. 一定是不连续的　　　　　　　　D. 连续不连续都可以

2. 下列不属于数据逻辑结构的是(　　　)。
   A. 栈　　　　　　B. 队列　　　　　　C. 顺序表　　　　　D. 树

3. 具有 n 个结点的二叉树，采用二叉树链表存储，有(　　)个空链域。
   A. n+1　　　　　　B. n　　　　　　C. n−1　　　　　　D. 0

4. 对矩阵压缩存储是为了(　　　)。
   A. 方便运算　　　　B. 节省空间　　　　C. 方便存储　　　　D. 提高运算速度

5. 若 5 个元素的进栈序列是 1，2，3，4，5，则不可能得到出栈序列(　　　)。
   A. 1，2，3，4，5　　　　　　　　B. 3，4，2，5，1
   C. 4，2，1，3，5　　　　　　　　D. 5，4，3，2，1

6. 若线性表最常用的操作是存取第 i 个元素及其前驱的值，则采用(　　　　　)存储方式节省时间。
   A. 顺序表　　　　B. 单链表　　　　C. 单循环链表　　D. 双链表

7. 深度为 6(根层次为 1)的二叉树至多有(　　　)个结点。
   A. 63　　　　　　B. 64　　　　　　C. 31　　　　　　D. 32

8. 下面给出的 4 种排序法中(　　　)排序法是不稳定的排序法。
   A. 直接插入　　　B. 冒泡　　　　C. 归并　　　　D. 堆

9. 一个具有 n 个顶点的无向图中，要连通全部顶点至少需要(　　　)条边。
   A. n　　　　　　B. n+1　　　　　　C. n/2　　　　　　D. n−1

10. 二叉树的顺序存储结构适合于(　　　)。
    A. 单支二叉树　　B. 完全二叉树　　C. 平衡二叉树　　D. 二叉排序树

二. 填空题(每题 2 分，共 20 分)

1. 快速排序的最坏情况，其待排序的初始排列是_____。

2. 在顺序表(即顺序存储结构的线性表)中插入一个元素，需要平均移动_____个元素。

3. 设一哈希表表长 M 为 100，用除留余数法构造哈希函数，即 $H(K)=K \bmod P(P \leqslant M)$，为使函数具有较好的性能，P 应选_____。

4. Dijkstra 算法是按＿＿＿＿＿＿＿＿＿次序产生一点到其余各顶点最短路径的算法。

5. 解决计算机与打印机之间速度不匹配问题，需要设置一个缓冲区，应是一个＿＿＿＿＿数据结构。

6. 目前内部排序的时间复杂度最好能达到＿＿＿＿＿＿。

7. 已知一棵二叉树的前序序列为 ABDFCE，中序序列为 DFBACE，则后序序列为＿＿＿＿＿＿。

8. 关键路径是 AOE 网中＿＿＿＿＿＿＿＿＿＿＿＿＿＿＿＿＿＿＿。

9. 假定在一棵二叉树中，双分支结点数为 15，单分支结点数为 30 个，则叶子结点数为＿＿＿＿＿个。

10. 折半查找对待查表的存储结构的要求是＿＿＿＿＿＿且关键字必须＿＿＿＿＿。

三、简答题(每题 6 分，共 30 分)

1. 数据的逻辑结构分为线性结构和非线性结构两大类。线性结构包括数组、链表、栈、队列等；非线性结构包括树、图等，这两类结构各自的特点是什么？

2. 在单链表、双向链表和单循环链表中，若仅知道指针 p 指向某结点，不知道头指针，能否将结点*p 从相应的链表中删除？

3. 顺序队的"假溢出"是怎样产生的？采用哪种方式可以解决"假溢出"？

4. 一棵完全二叉树共有 21 个结点，现顺序存放在一个向量中，向量的下标正好为结点的序号，请问有双亲结点序号为 12 的结点存在吗？为什么？

5. 希尔排序中按某个增量序列将表分成若干个子序列，对子序列分别进行直接插入排序，最后一趟对全部记录进行一次直接插入排序。那么，希尔排序的事件复杂度肯定比直接插入排序大。这句话对不对？为什么？

四、算法与程序设计题(任选 2 题，每题 15 分，共 30 分)

答题要求：

① 用自然语言说明所采用算法的思想；

② 给出每个算法所需的数据结构定义，并做必要说明；

③ 用 C 语言或 PASCAL 语言写出对应的算法程序，并加上必要的注释。

1. 有一个数组 R[1..n]，其中 R[i] 为正整数，设计一个算法，能在 O(n)的时间内将线性表划分成两部分，其左半部分的每个关键字均小于 R[1]，右半部分的关键字均大于等于 R[1]。

2. 设线性表以带头结点的单链表作为存储结构。试写一个将线性表就地逆置的算法，即在原表的存储空间内将线性表$(a_1, a_2, \cdots, a_n)$逆置为$(a_n, a_2, \cdots, a_1)$。

3. 写一算法将单链表中值重复的结点删除，使所得的结果表中各结点值均不相同。

五、综合题(每题 10 分，共 50 分)

1. 设有关键字序列{75, 33, 52, 41, 12, 88, 66, 27}，哈希函数 H(K) = K mod 7，地址空间为[0..8]，用线性探测再散列方法处理冲突，构造哈希表，并分别计算出在等概率情况下查找成功与查找不成功的平均查找长度。

2. 一有向图 G 如试题图 2.1 所示：

(1) 请画出图 G 的邻接表，并在此基础上求从 A 出发的深度优先和广度优先遍历的序列。

(2) 求从 A 到 F 的最短路径。

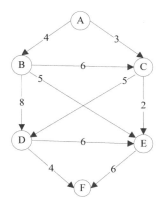

试题图 2.1　有向图 G

3. 假定用于通信的电文由 8 个字母 A、B、C、D、E、F、G、H 组成，各字母在电文中出现的概率为 5%、25%、4%、7%、9%、12%、30%、8%，试为这 8 个字母设计哈夫曼编码。

4. 解答下面的问题：

(1) 画出在递增有序表 A[1..21] 中进行折半查找的判定树，并计算其平均查找长度。

(2) 当实现插入排序过程时，可以用折半查找来确定第 i 个元素在前 i−1 个元素中可能插入的位置，这样做能否改善插入排序的时间复杂度？为什么？

5. 设有序列：{30, 51, 6, 14, 25, 57, 39, 20, 26, 30}，给出如下结果：

(1) 执行一趟快速排序的结果；

(2) 建成堆顶最大的初始堆；

(3) 建成二叉排序树，并说明对二叉排序树实施何种操作能够得到有序序列。

【答案】

一、单项选择题

1. D　2. C　3. A　4. B　　5. C　6. A　7. A　8. D　9. D　　10. B

二、填空题

1. 有序

2. N/2

3. 97

4. 路径长度逐次递增

5. 队列

6. $O(\log_2 N)$

7. FDBECA

8. 从源点到终点最长的一条路径

9. 16

10. 顺序存储　有序

三、简答题

1. 答：线性结构的特点是：在结构中所有数据成员都处于一个序列中，有且仅有一个开始成员和一个终端成员，并且所有数据成员都最多有一个直接前驱和一个直接后继。例如，一维数组、线性表等就是典型的线性结构。

非线性结构的特点是：一个数据成员可能有零个、一个或多个直接前驱和直接后继。例如，树、图或网络等都是典型的非线性结构。

2. 答：以下分三种链表讨论：

(1) 单链表。当已知指针 p 指向某结点时，能够根据该指针找到其直接后继，但是由于不知道其头指针，所以无法访问到 p 指针指向的结点的直接前驱，因此无法删去该结点。

(2) 双向链表。由于这样的链表提供双向链表，因此根据已知结点可以查找到其直接前驱和直接后继，从而可以删除该结点。

(3) 单循环链表。根据已知结点位置，可以直接得到其后相邻的结点(直接后继)，又因为是循环链表，所以可以通过查找得到 p 结点的直接前驱，因此可以删去 p 所指结点。

3. 答：一般的一维数组队列的尾指针已经到了数组的上界，不能再有入队操作，但其实数组中还有空位置，这就叫"假溢出"。

采用循环队列是解决假溢出的途径。

4. 答：在共有 21 个结点的完全二叉树中不存在序号为 12 的双亲结点。因为若存在序号为 12 的双亲结点，该完全二叉树中至少应有序号为 $2 \times 12 = 24$ 的结点是其左孩子结点，与题设共有 21 个结点矛盾。

5. 答：不对。直接插入排序在序列基本有序或表长较小时，其效率即可大大提高。希尔排序正是从这两点出发对直接插入排序进行改进的一种排序方法。

四、算法与程序设计题

1. 【解答】 可以运用一趟快速排序的思路。设表放在 R[1] 至 R[n] 中，则算法如下：

```
int partion(rectype R[n],  keytype k)
{   rectype temp;
    int i, j;
    i=0;   j=n+1;
    while(true)
    {
        do{
            j=j-1;
        }while(R[j].key<=k1) ;
        do{
            i=i+1;
        }while(R[j].key>k1);
        if(i<j)
        { temp=R[i]; R[i]=R[j];   R[j]=temp; }
        else
        { temp=R[1]; R[1]=R[j];   R[j]=temp; }
            return true;
    }
}
```

2.【解答】　设链表带头结点，则算法如下：

```
typedef null 0;
Typedef struct lnode
{
    elemtype data;
    struct node *next;
} lnode, *linklist;
void example(linklist *la)
{
    linklist p, q;
    p=(*la)->next; q=null;
      (*la)->next=null;
    while (p)
    {
        q=p->next;
        p->next=(*la)->next;
          (*la)->next=p;
    }
}
```

3.【解答】　本题可以这样考虑，先取开始结点中的值，将它与其后的所有结点值一一
比较，发现相同的就删除掉，然后再取第二结点的值，重复上述过程直到最后一个结点。
具体算法如下：

```
void DeleteList ( LinkList L )
{
    ListNode *p , *q , *s;
    p=L-next;
    while( p->next&&p->next->next)
    {
        q=p;   /*由于要做删除操作，所以 q 指针指向要删除元素的直接前趋*/
        while (q->next)
        if (p->data==q->next->data)
        {
            s=q->next;
            q->next=s->next;
            free(s);   /*删除与*p 的值相同的结点*/
        }
        else q=q->next;
        p=p->next;
    }
}
```

五、综合题

1.【解答】 构造的哈希表如下：

	0	1	2	3	4	5	6	7	8
Key	66	27		52	88	75	33	41	12
比较次数	7	5		1	1	1	2	2	4

$$ASL_{SUCC} = \frac{1+1+1+2+2+4+7+5}{8} = 2.875$$

$$ASL_{UNSUCC} = \frac{1+2+3+4+5+6+7+8+9}{9} = 5$$

2.【解答】

(1) 图 G 的邻接表如试题图 2.2 所示。

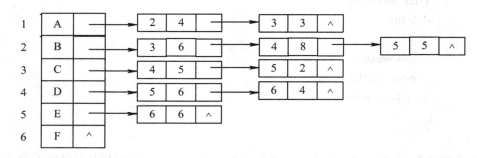

试题图 2.2　图 G 的邻接表

从 A 出发的深度优先为 A B C D E F。

广度优先遍历的序列为 A B C D E F。

(2) 最短路径为为 A—C—E—F。

3.【解答】 设这 8 个字母所对应的权值分别为(5，25，4，7，9，12，30，8)，且 n=8，则可得哈夫曼树如试题图 2.3 所示。

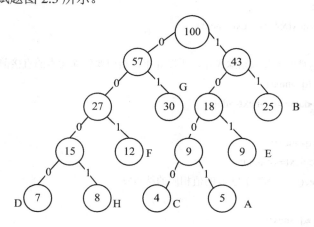

试题图 2.3　哈夫曼编码图

从而可知：

A: 1001   B: 11   C: 1000   D: 0000
E: 101   F: 001   G: 01   H: 0001

4.【解答】

(1) 判定树如试题图 2.4 所示。

$$ASL = \frac{1+2\times2+3\times4+4\times8+5\times6}{21} = \frac{79}{21}$$

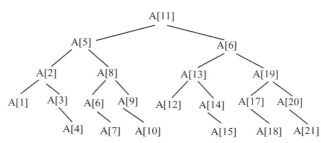

试题图 2.4　折半查找的判定树

(2) 不能改善插入排序的时间复杂度。折半插入排序仅减少了关键字间的比较次数,而记录的移动次数不变,时间复杂度仍为 O(n^2)。

5.【解答】

(1)　{26, 20, 6, 14, 25, 30, 39, 57, 51, 30 }

(2)　{57, 51, 39, 26, 30, 6, 30, 20, 14, 25　}

(3) 构建的二叉排序树如试题图 2.5 所示。

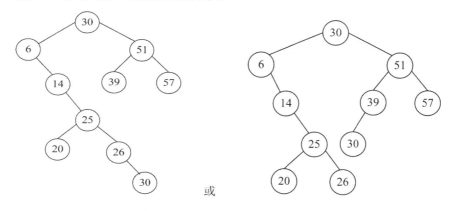

或

试题图 2.5　构建的二叉排序树

对二叉排序树进行中序遍历可以得到有序序列。

参 考 文 献

[1] 严蔚敏，吴伟民. 数据结构(C 语言版). 北京：清华大学出版社，1997.

[2] 滕国文. 数据结构课程设计. 北京：清华大学出版社，2010.

[3] Mark Allen Weiss. 数据结构与算法分析 C 语言描述(英文版第 2 版). 北京：机械工业
     出版社，2004.

[4] 王红梅，胡明，王涛. 数据结构(C++版)学习辅导与实验指导. 2 版. 北京：清华大学出
     版社，2011.

[5] 董建寅，黄俊民，黄同成. 数据结构实验指导与题解. 北京：中国电力出版社，2008.

[6] 耿国华. 数据结构(C 语言版). 西安：西安电子科技大学出版社，2002.